Ahmed ISSOUFOU IMADAN

Regeneração de baterias solares

Ahmed ISSOUFOU IMADAN

Regeneração de baterias solares

Processos e técnicas de regeneração e dessulfatação de
baterias solares estacionárias de chumbo-ácido

ScienciaScripts

Imprint

Any brand names and product names mentioned in this book are subject to trademark, brand or patent protection and are trademarks or registered trademarks of their respective holders. The use of brand names, product names, common names, trade names, product descriptions etc. even without a particular marking in this work is in no way to be construed to mean that such names may be regarded as unrestricted in respect of trademark and brand protection legislation and could thus be used by anyone.

Cover image: www.ingimage.com

This book is a translation from the original published under ISBN 978-620-6-71362-3.

Publisher:
Sciencia Scripts
is a trademark of
Dodo Books Indian Ocean Ltd. and OmniScriptum S.R.L publishing group

120 High Road, East Finchley, London, N2 9ED, United Kingdom
Str. Armeneasca 28/1, office 1, Chisinau MD-2012, Republic of Moldova, Europe
Printed at: see last page
ISBN: 978-620-7-68198-3

Copyright © Ahmed ISSOUFOU IMADAN
Copyright © 2024 Dodo Books Indian Ocean Ltd. and OmniScriptum S.R.L publishing group

À minha querida mãe, que sempre rezou por mim.

Ao meu querido pai pelos seus conselhos.

<u>RESUMO</u>

Embora o sistema geral de recuperação de resíduos não esteja muito avançado nos países africanos, o sistema de regeneração das baterias de chumbo-ácido usadas (BAPU) está ainda menos desenvolvido. Todos os anos são exportadas grandes quantidades de BAPU para serem recicladas e reutilizadas no fabrico de novas baterias, que são muito caras nos nossos países e têm um tempo de vida reduzido devido às nossas condições climáticas.

Tendo em conta os programas empreendidos pelo Estado do Benim para instalações solares em todo o país, as necessidades de reserva dos utilizadores industriais, institucionais e administrativos em caso de cortes de energia e o número crescente de instalações solares fora da rede, dado o considerável potencial solar do país, o mercado da regeneração de baterias é considerável. O mercado da regeneração das baterias é considerável, o que significa que existe um depósito de baterias estacionárias que se degradam todos os anos.

O nosso trabalho centrou-se na viabilidade técnica e económica da instalação de um sistema de regeneração de baterias solares no Benim. Após o tratamento dos dados recolhidos, avaliámos um potencial total de **15.000 baterias de gel de 12 V / 150 Ah e 5.000 baterias de gel OPzV 2V / 2.000 Ah que poderiam ser** imediatamente utilizadas e regeneradas.

Dado que o projeto terá uma duração de **5 anos** e que o custo do serviço é **35% do** preço de uma nova bateria do mesmo tipo, o investimento necessário para o projeto é de **336 452 504** francos CFA, o Valor Anual Líquido é de **475 426 769** francos CFA, a Taxa Interna de Retorno é de **44%** com um Período de Retorno de **1 ano 11 meses 11 dias** e um Índice de Rentabilidade de **2,41**.

Podemos concluir que um projeto de instalação de uma central deste tipo é viável, tanto do ponto de vista financeiro como técnico. Uma central deste tipo não só ajudaria a proteger o ambiente, reduzindo maciçamente a BAPU, como também ajudaria a nível social, criando **vinte (20)** empregos directos e a nível económico, gerando bons rendimentos. O seu âmbito de aplicação poderia ser alargado a todo o país e, a longo prazo, a toda a sub-região da África Ocidental.

Palavras-chave: **Regeneração; Baterias solares estacionárias; Chumbo; BAPU; Benim; Energia solar fotovoltaica; Centrais microeléctricas fotovoltaicas.**

<u>**INTRODUÇÃO GERAL**</u>

As baterias solares são o elo mais fraco dos actuais sistemas fotovoltaicos. Só elas são responsáveis por mais de 30% do custo do investimento inicial. [1]. Além disso, a sua renovação é praticamente o único custo de funcionamento dos sistemas fotovoltaicos autónomos.

Por outro lado, a duração de vida das baterias depende não só da sua tecnologia (aberta, selada, gel, AGM, etc.) mas também das condições de funcionamento (temperatura, descarga profunda, etc.). Se forem corretamente dimensionadas e mantidas, as melhores baterias solares têm uma duração de vida entre 7 e 15 anos [1]. Muitas vezes, os tempos de vida observados no terreno são mais curtos.

Além disso, vários projectos recentes (PRODERE, PROVES, etc.) permitiram a instalação de vários milhares de candeeiros de rua, micro-centrais eléctricas e kits solares fotovoltaicos individuais em vários países da África Ocidental (Benim, Burkina Faso, Guiné, Níger, Togo, etc.). Após menos de 5 anos de funcionamento, várias destas instalações avariaram devido à falta de baterias. Isto significa que grandes quantidades de baterias solares já foram danificadas e estão a ser substituídas por falta de alternativas.

Isto levanta uma questão importante: o que se faz atualmente com as baterias solares danificadas que chegaram ao fim da sua vida útil?

[ère]A primeira forma mais comum consiste em vender estas pilhas a preços muito baixos a artesãos que as partem para retirar o chumbo e eliminar o ácido sulfúrico e os componentes plásticos no ambiente circundante (mar, rio, aterro, etc. ......). A segunda forma consiste em recolher e transportar estas pilhas para instalações de reciclagem (estas instalações emitem grandes quantidades de gases com efeito de estufa e de chumbo, perigosos para a saúde humana e para o ambiente), onde são fragmentadas e o chumbo, os componentes plásticos e o ácido sulfúrico são tratados separadamente, enquanto que existe um método de tratamento mais ecológico, económico e eficaz, chamado regeneração, que dá uma segunda vida às pilhas para que possam ser novamente utilizadas para as mesmas funções.

É, portanto, com o objetivo de fornecer esta solução económica e ecológica que iniciamos este estudo de viabilidade técnica e económica para a criação de um processo de regeneração local (no Benim) e sub-regional da África Ocidental para baterias solares estacionárias.

O estudo está estruturado em quatro capítulos, como se segue:

- ➢ Capítulo 1: uma introdução geral às pilhas ;
- ➢ Capítulo 2: que apresenta as causas e os modos de avaria destas baterias, bem como uma avaliação do potencial destas baterias de chumbo-ácido danificadas no Benim;
- ➢ Capítulo 3: um estudo técnico e comparativo dos diferentes processos de regeneração de baterias;
- ➢ Capítulo 4: que analisa a rendibilidade financeira da conceção de uma unidade de regeneração de baterias no Benim.

O estudo termina com uma conclusão geral que dá uma visão particular de tudo o que foi estudado.

CAPÍTULO 1: INFORMAÇÕES GERAIS SOBRE AS PILHAS

INTRODUÇÃO

O armazenamento de energia eléctrica é uma operação que consiste em colocar uma certa quantidade de energia num determinado local para que esteja disponível quando for necessária. Existem muitas técnicas diferentes utilizadas para armazenar energia eléctrica. Estas incluem [2] tecnologias de armazenamento mecânico (armazenamento por transferência de energia, ar comprimido), eletroquímico (bateria, armazenamento sob a forma de hidrogénio, metano), térmico (calor latente, calor sensível) e elétrico (supercapacitor, condensador).

Para armazenar energia eléctrica de forma significativa e utilizá-la durante longos períodos, é por vezes necessário transformá-la numa outra forma de energia intermédia e armazenável (potencial, cinética, química ou térmica), como é o caso dos acumuladores electroquímicos, por exemplo.

Um acumulador eletroquímico é um gerador eletroquímico capaz de fornecer energia eléctrica a partir de energia armazenada quimicamente. Esta conversão de energia é reversível para um acumulador, pelo que é recarregável, ao contrário de uma bateria. [3]. Vários pares electroquímicos caracterizam diferentes tecnologias de baterias, incluindo a bateria de chumbo-ácido, que é o tema deste estudo.

Este capítulo apresenta uma panorâmica de todos os elementos-chave em que se baseia o nosso estudo. Está organizado em cinco partes

- ➢ A primeira parte explica o funcionamento das pilhas;
- ➢ A segunda parte apresenta a tipologia das baterias;
- ➢ A terceira parte apresenta uma panorâmica geral das baterias de chumbo-ácido;
- ➢ A quarta parte apresenta os possíveis processos de recuperação de baterias de chumbo-ácido usadas em fim de vida;
- ➢ A quinta parte apresenta o tipo de análise financeira e as principais fórmulas de avaliação da rendibilidade utilizadas no presente estudo.

1.1 COMO FUNCIONAM AS PILHAS

Uma bateria é constituída por um conjunto em série e/ou paralelo de células electroquímicas. Cada acumulador é constituído por dois eléctrodos, um positivo e outro negativo, separados por um eletrólito. [4].

Funciona da seguinte forma: as reacções electroquímicas que envolvem a oxidação ou redução dos materiais activos nos eléctrodos têm lugar nas interfaces elétrodo-eletrólito da bateria:

> No ânodo (elétrodo de descarga negativo), ocorre uma reação de oxidação com potencial redox □1 de acordo com a equação :

$$^{n^+} M1 \rightarrow \square 1 + \square\square\text{-} \tag{1.1}$$

> No cátodo (elétrodo de descarga positivo), os electrões libertados no ânodo passam através do circuito externo para chegar ao cátodo onde ocorre uma reação de redução do potencial redox $E2$ de acordo com a equação :

$$^{n^+} \square 2 + \square\square\text{-} \rightarrow \square 2 \tag{1.2}$$

$M1$ e $M2$ representam as espécies activas no ânodo e no cátodo, respetivamente. O eletrólito transporta as espécies iónicas envolvidas na reação redox global, que se escreve como :

$$^{n^+ n^+} M1 + \square 2 \rightarrow \square 1 + \square 2 \tag{1.3}$$

O transporte gera uma força eletromotriz :

$$E = E2 - \square 1 \tag{1.4}$$

Durante o carregamento, o fenómeno é invertido. A figura 1.1 ilustra o princípio geral de funcionamento de um acumulador eletroquímico.

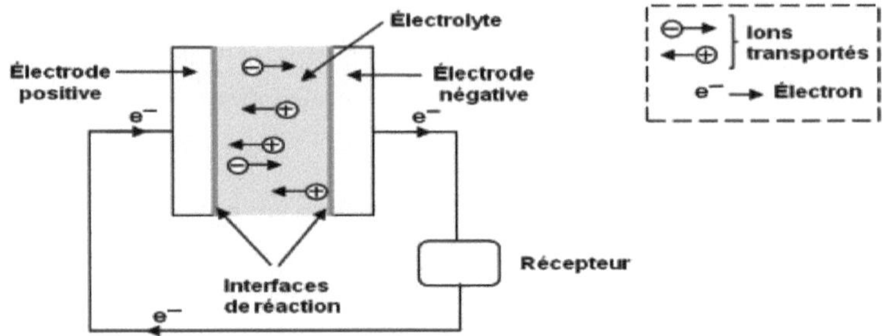

Figura 1.1: Princípio de funcionamento de um acumulador eletroquímico [4]

1.2 DIFERENTES TIPOS DE BATERIAS ELECTROQUÍMICAS

Existem diferentes tipos de baterias electroquímicas com perfis de funcionamento específicos e, consequentemente, diferentes tecnologias.

1.2.1. Tipos de baterias para diferentes aplicações

As principais áreas de aplicação incluem as baterias de arranque e as baterias industriais (baterias estacionárias e de tração). [5] :

1.2.1.1. Baterias de arranque

São concebidos para alimentar um sistema de arranque, de iluminação ou de ignição. São utilizados em motores de combustão interna para veículos de lazer de duas e quatro rodas, bem como para veículos mais pesados, como camiões e tractores, geradores, barcos e aviões. [5].

*1.2.1.2.*Baterias industriais

São concebidos exclusivamente para uso industrial ou profissional. É feita uma distinção entre :

1.2.1.2.1. Baterias fixas

As baterias estacionárias são baterias concebidas para serem utilizadas num local permanente, ao contrário das baterias utilizadas em equipamentos portáteis (telemóveis, computadores portáteis, câmaras digitais). [6]. São utilizadas em sistemas de reserva em caso de falha da rede principal (telecomunicações, sinalização ferroviária, hospitais, etc.) e em instalações fotovoltaicas ou eólicas, bem como para estabilizar as redes eléctricas. [5].

1.2.1.2.2. Baterias de tração

São principalmente utilizados em equipamentos como empilhadores, equipamento de movimentação e cadeiras de rodas. [5]etc......

O quadro 1.1 abaixo apresenta as características importantes para a conceção e escolha das baterias de acordo com o domínio de aplicação.

Quadro 1.1: Características de seleção da bateria por aplicação [5]

Tipo de pilha	Exemplos de domínios de aplicação	Características importantes de conceção e seleção	Tecnologias utilizadas ou planeadas
Início	Automóveis, geradores	Custo Relação peso-potência sem manutenção	Placas finas de chumbo de ácido aberto
	Camiões, tractores	Custo Potência por massa Energia por massa	Chumbo ácido aberto
	Motores marítimos	Custo Potência por massa Energia por massa	Ácido de chumbo selado Iões de lítio
Estacionário	Inversores para segurança de redes Iluminação de emergência	Densidade de potência Vida flutuante	Chumbo selado Níquel-cádmio
	Armazenamento para sistemas de energia autónomos (solar, eólica, navegação eléctrica)	Energia de massa Ciclo sem manutenção	Chumbo aberto Chumbo selado Níquel-cádmio Iões de lítio
	Armazenamento para sistemas de energia ligados à rede	Densidade de potência Energia de massa Ciclo sem manutenção	Chumbo selado Enxofre de sódio Iões de lítio

Tipo de pilha	Exemplos de domínios de aplicação	Características importantes de conceção e seleção	Tecnologias utilizadas ou planeadas
Tração	Equipamento de manuseamento, Cadeiras de rodas Bicicletas com assistência eléctrica	Custo Energia de massa	Tubos de chumbo de ácido aberto Placas planas reforçadas com chumbo de ácido aberto Chumbo de recombinação Polímero de lítio

1.2.2. Tipos de baterias por tecnologia

As pilhas diferem também em termos dos seus pares electroquímicos e de algumas das principais características específicas de cada tecnologia, nomeadamente a energia e a potência (massa ou volume). A Figura 1.2 apresenta os diferentes tipos de pilhas de acordo com a tecnologia.

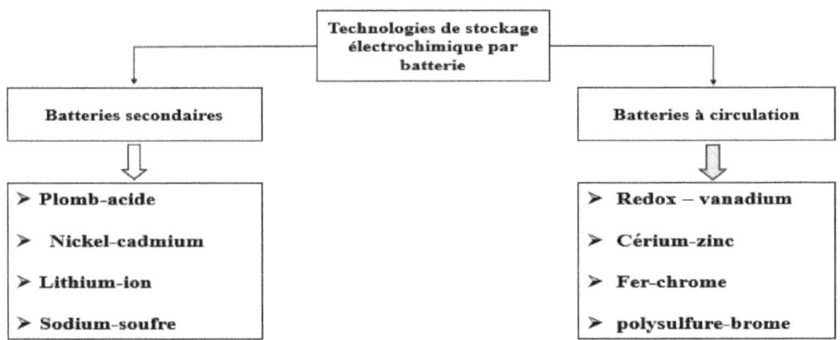

Figura 1.*2*: Diferentes tecnologias de baterias [7]

De todas estas tecnologias, as mais utilizadas para o armazenamento estacionário de energia são :

Baterias de chumbo-ácido, níquel-cádmio e iões de lítio [4].

*1.2.2.1.*Bateria de chumbo-ácido

A pilha de chumbo-ácido é a tecnologia mais antiga e mais utilizada. ₂O seu eletrólito é uma solução aquosa de ácido sulfúrico, o elétrodo positivo é constituído por óxido de chumbo PbO e o elétrodo negativo por chumbo Pb. A reação envolvida é a seguinte:

$$_{22442}Pb + PbO + 2H\,SO \rightleftarrows 2PbSO + 2H\,O \tag{1.5}$$

A tensão terminal de uma bateria de chumbo-ácido varia entre 1,7V (estado de carga mínimo) e 2,5V (estado de carga máximo). [4].

*1.2.2.2.*Bateria de níquel-cádmio

As pilhas de níquel-cádmio oferecem um desempenho superior ao das pilhas de chumbo em termos de capacidade e duração. No entanto, o seu preço é muito mais elevado e a sua tensão mais baixa (1,15V a 1,45V) do que as pilhas de chumbo.

O eletrólito é à base de potássio, o elétrodo positivo de hidróxido de níquel e o elétrodo negativo de cádmio. Estes elementos reagem da seguinte forma:

$$_{22}2\square\square\square(\square\square) + Cd + 2H\,O \rightleftarrows 2\square\square(\square\square) + \square\square(\square\square)_2 \tag{1.6}$$

*1.2.2.3.*Bateria de iões de lítio (Li-ion)

Durante a carga, os iões de lítio são inseridos na estrutura do elétrodo negativo de carbono grafitado. Durante a descarga, o ânodo liberta estes iões, que são depois inseridos na estrutura do cátodo. A equação eletroquímica global é a seguinte

$$Li + MI \rightarrow LiMI \tag{1.7}$$

MI o material de inserção (grafite, coque, etc.) colocado no elétrodo positivo. Em comparação com as baterias de chumbo-ácido, as baterias de iões de lítio não necessitam de manutenção. Têm uma vida útil bastante longa e são mais resistentes às condições externas. A tensão de uma bateria de iões de lítio varia entre 2,5 V (estado de carga mínimo) e 3,7 V (estado de carga máximo) *[4]*.

As principais comparações de algumas tecnologias de baterias são apresentadas no Quadro 1.2.

Quadro 1.2: Comparação das características de algumas baterias

Características	Chumbo - ácido	Níquel - cádmio	Iões de lítio
Densidade energética (Wh/kg)	25 - 45	20 - 60	80 - 150
Densidade de potência (W/kg)	80 - 150	100 - 800	500 - 2000
Gama de tensões (V)	1,7 - 2,5	1,15 - 1,45	2,5 - 3,7
Tempo de descarga	15mn - 100h	15mn - 100h	45mn - 100h
Tempo de armazenamento	> 1 mês	< 1 mês	Vários meses
Rendimento (%)	60 - 98	60 - 80	90 - 100
Vida útil (número de ciclos)	300 - 1500	300 - 1500	> 1500
Aplicação atual	Arranque, tração e imobilização	Aplicações estacionárias de alta potência a altas temperaturas	Telefones móveis, satélites e fixos.
Nível de maturidade	Muito bom	Aprovado	Muito bom
Benefícios	-Sistema eletroquímico com os custos mais baixos; -Materiais recicláveis (quase 100% de chumbo)	Funcionamento a temperaturas mais elevadas	-Boa profundidade de descarga, -Excelente eficiência
Desvantagens	-Vida útil muito dependente das condições de utilização (nomeadamente da temperatura); -Materiais tóxicos (chumbo).	Relação qualidade-preço em comparação com duas outras tecnologias líderes	-Custos elevados ; -Questões relacionadas com os recursos de lítio

1.3. INFORMAÇÕES GERAIS SOBRE A TECNOLOGIA CHUMBO-ÁCIDO

1.3.1. Composição de uma pilha de chumbo-ácido

É de notar que, no final desta secção, a bateria estacionária é o tipo de bateria considerado para o resto deste estudo. Em geral, a estrutura típica da composição de uma BAP pode ser vista na Figura 1.3 abaixo.

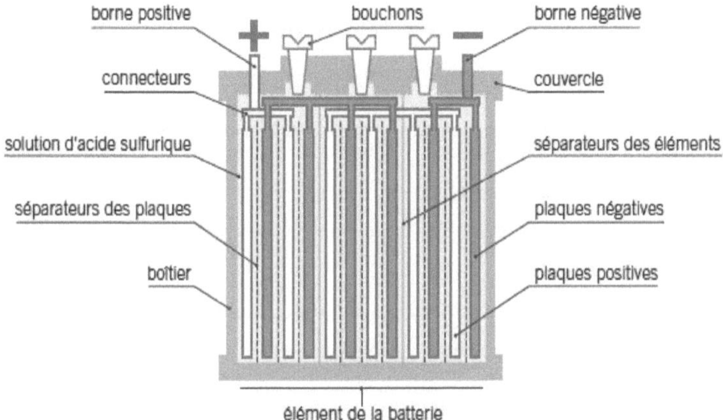

Figura 1.*3*: Estrutura típica de uma bateria de chumbo-ácido [8]

Embora os fabricantes de baterias utilizem diferentes técnicas e tecnologias de construção, todas as BAP incluem, pelo menos, os cinco componentes básicos [9] como se segue:

- Um **recipiente** de plástico resistente;
- **Placas** internas de chumbo positivo e negativo;
- **Separadores de** folhas sintéticas porosas ;
- Um **eletrólito** (uma solução diluída de ácido sulfúrico e água, também conhecida como "ácido de bateria");
- **Terminais de chumbo** (os pontos de contacto entre a bateria e o dispositivo que está a alimentar).

Depois destes elementos de base, existem também os microelementos apresentados na Figura 1.3. Estes microelementos são descritos em pormenor da seguinte forma [8], [9] :

- Os terminais positivo e negativo, feitos de chumbo (em algumas aplicações pode também ser utilizado latão ou cobre), aos quais são ligados os dispositivos externos de consumo de eletricidade;

- Tampões (que se encontram nas pilhas mais antigas, um tampão para cada pilha) para encher com água destilada/desionizada, se necessário, e para permitir a saída dos gases que se formam nas pilhas (as pilhas novas são geralmente seladas);
- Conectores de chumbo que estabelecem contacto elétrico entre placas da mesma polaridade, bem como entre elementos separados;
- A tampa e o invólucro, feitos de polipropileno ou copolímero, contêm as células da bateria;
- Uma solução de ácido sulfúrico (o eletrólito da pilha) ;
- Os separadores de elementos, que normalmente fazem parte do invólucro e são feitos do mesmo material, proporcionam isolamento químico e elétrico entre os elementos;
- Separadores de placas, feitos de PVC ou de outro material poroso, que impedem qualquer contacto físico entre duas placas adjacentes, permitindo que os iões da solução electrolítica se movimentem livremente;
- Eléctrodos negativos (placas): são grelhas de chumbo metálico cujas células são preenchidas com uma pasta de dióxido de chumbo (PbO_2);
- Eléctrodos positivos (placas): placas de chumbo metálico revestidas com pasta de PbO_2;
- Células de bateria, ou seja, uma série de placas positivas e negativas dispostas em alternância e isoladas umas das outras por separadores de placas.

1.3.2. **Como funciona uma pilha de chumbo-ácido**

Quando um BAP fornece energia eléctrica a um dispositivo externo, ocorrem simultaneamente várias reacções químicas. [24]Nos eléctrodos positivos (cátodo) ocorre uma reação de redução quando o peróxido de chumbo (PbO) é transformado em sulfato de chumbo (PbSO). Nas placas negativas (ânodo), ocorre uma reação de oxidação, convertendo o chumbo metálico em sulfato de chumbo. [24]O eletrólito, o ácido sulfúrico (H SO), fornece os iões sulfato para as duas semi-reacções e actua como uma ponte química entre elas. Por cada eletrão produzido no ânodo, é consumido um eletrão no cátodo [10]. As reacções envolvidas são as seguintes [10] :

➢ Ânodo :

$_{4}{}^{2-}{}_{4}Pb + SO \rightarrow PbSO + 2e^{-}$ (1.8)

➢ Cátodo :

$_{24}{}^{2-+}{}_{42}PbO + SO + 4H \rightarrow PbSO + 2H\ O$ (1.9)

➢ Reação total:

$_{2\ 24\ 4\ 2}Pb + PbO + 2H\ SO \rightleftarrows 2PbSO + 2H\ O$ (1.10)

1.3.3. **Estado de descarga e carga de uma bateria de chumbo-ácido**

*1.3.3.1.*Estado de quitação

Quando a pilha é descarregada, os materiais activos do elétrodo positivo, o dióxido de chumbo, são transformados em sulfato de chumbo. Da mesma forma, o elétrodo negativo, que é constituído por chumbo, também se transforma em sulfato de chumbo. O eletrólito, o ácido sulfúrico, será consumido ao reagir com os materiais activos. As equações de reação para o elétrodo positivo e o elétrodo negativo no estado de descarga são apresentadas a seguir. [11] :

➢ Cátodo *:*

$_{2}{}^{+-2+}{}_{2}PbO + 4H + 2e \rightleftarrows Pb + 2H\ O$ (1.11)

➢ Ânodo :

$^{2+}Pb \rightleftarrows Pb + 2e^{-}$ (1.12)

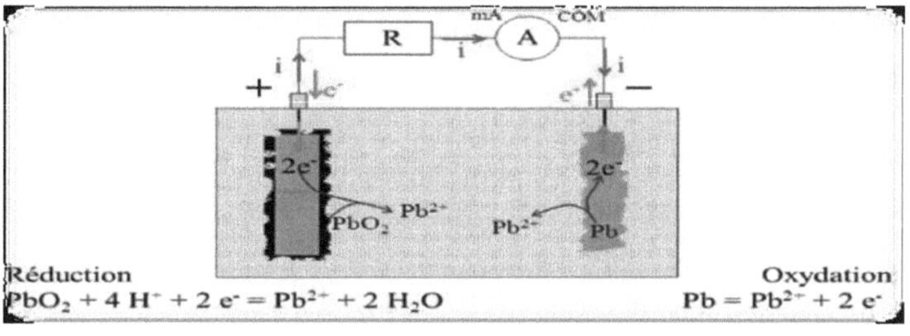

Figura *1.4*: Estado de descarga de uma bateria de chumbo-ácido [10]

*1.3.3.2.*Estado de carga

Quando a pilha está no estado carregado, o sulfato de chumbo transforma-se em materiais activos. As equações para isso são mostradas a seguir [11] :

> Cátodo :

$$_{4224}{}^{-+}PbSO + 2H\ O \rightleftarrows PbO + HSO + 3H + 2e^{-} \tag{1.13}$$

> Ânodo :

$$_{4}PbSO + H + \rightleftarrows Pb + HSO_4{}^{-} \tag{1.14}$$

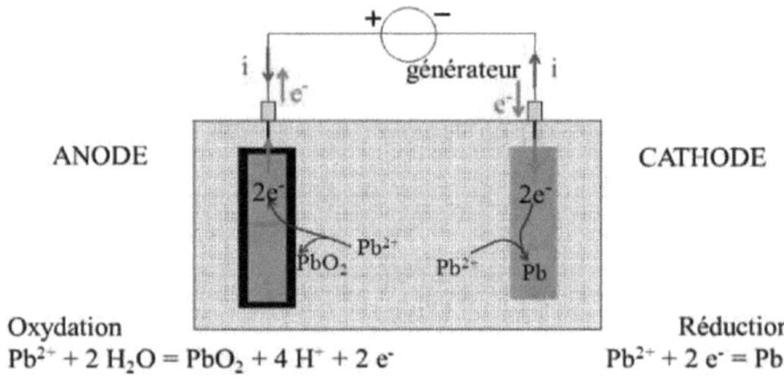

Figura *1.5*: Estado de carga de uma bateria de chumbo-ácido [10]

Teoricamente, uma pilha de chumbo-ácido pode ser utilizada durante muito tempo se a reação química apresentada na equação (1.10) puder prosseguir completamente. A reação química que ocorre nas baterias de chumbo-ácido demonstrou ser algo reversível. Como resultado, o sulfato de chumbo cristaliza gradualmente e deposita-se nos eléctrodos. Este fenómeno é conhecido como sulfatação. Este fenómeno conduz geralmente a um curto período de vida das baterias de chumbo [11].

1.3.4. Características principais

As principais características de uma bateria incluem: capacidade nominal, taxa de descarga, tensão nominal, estado de carga, profundidade de descarga, ciclo de vida (ciclagem), auto-descarga, eficiência energética e resistência interna.

> **Capacidade nominal** [5], [12]

É o número total de Amperes-hora (Ah) disponíveis quando a bateria é descarregada com uma determinada corrente de descarga (especificada como taxa C/tempo, o tempo em horas) desde o estado de carga a 100% até à tensão de corte. A capacidade é calculada multiplicando a corrente de descarga (em Amperes) pelo tempo de descarga (em horas), e diminui à medida que a taxa de descarga aumenta.

> ➤ **Taxa de descarga** [13]

A taxa de descarga indica o tempo, em horas, necessário para descarregar a capacidade nominal da bateria. $_5$ $_{24}$É geralmente referida como C (o tempo de descarga da capacidade da bateria corresponde a 5 horas) para baterias de tração e C para baterias solares (a capacidade da bateria é geralmente descarregada em 24 horas).

> ➤ **Tensão nominal** [5], [12]

Esta é a tensão de sinal ou de referência da bateria, por vezes também referida como a tensão "normal" da bateria.

> ➤ **Estado de carga (SOC)** [5], [12]

Mostra a capacidade em tempo real da bateria como uma percentagem da sua capacidade nominal.

> ➤ **Profundidade de descarga (DOD)** [5], [12]

É a percentagem de energia fornecida por uma bateria em relação à sua capacidade nominal. Uma descarga de mais de 80% DOD é chamada de descarga profunda.

NB: É importante notar que a soma do estado de carga (SOC) e da profundidade de descarga (DOD) de uma bateria é sempre 100%. [14]. A Figura (1.6) abaixo fornece uma melhor explicação da evolução do SOC e da DOD em função da capacidade da bateria.

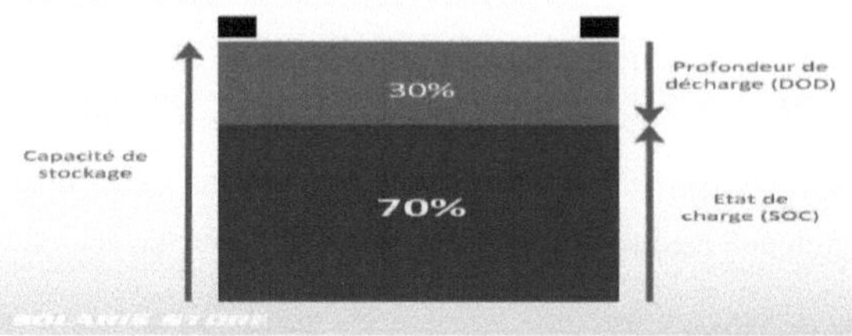

Figura *1.6:* Comportamento do estado de carga e da profundidade de descarga em função da capacidade da bateria [14]

> **Ciclo de vida** [12], [14]

A duração do ciclo é o número de ciclos que a bateria pode suportar antes de se deteriorar. É expressa em número de ciclos de carga/descarga e depende muito da profundidade da descarga. A figura (1.7) abaixo ilustra o ciclo de uma bateria durante 24 horas em função do estado de carga de um painel solar.

Etat de charge de la batterie – Battery SOC (State of charge)

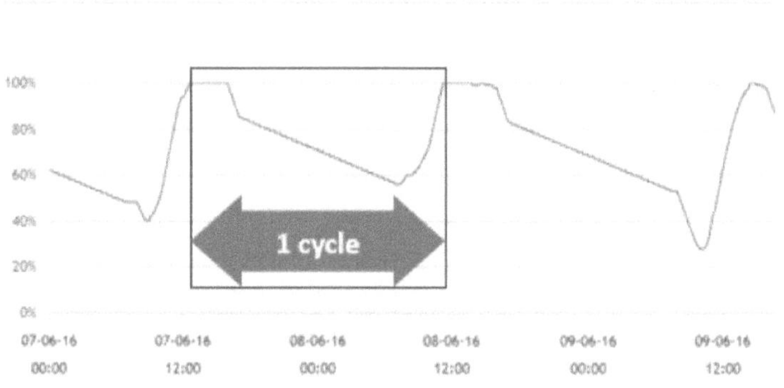

Figura *1.7:* Ciclo da bateria [1]

> **Auto-descarga** [12]

A auto-descarga é a perda de capacidade da bateria em repouso. É expressa em % por mês e aumenta com a idade e a temperatura.

18

➢ **Eficiência energética** [12]

A eficiência energética de uma bateria representa a quantidade de energia que pode ser utilizada em percentagem da quantidade de energia necessária para a armazenar.

➢ **Resistência interna** [11]

A resistência interna é uma boa indicação do estado de carga. Ao medir a resistência interna de uma bateria, é possível monitorizar os principais modos de falha da bateria - sulfatação, corrosão da rede e secagem, etc. (......).

1.3.5. Tipos de baterias de chumbo-ácido

Existem diferentes tecnologias de baterias de chumbo-ácido, dependendo do tipo de eléctrodos (placas planas ou placas tubulares) e do eletrólito (líquido ou gel). Em função da natureza do eletrólito, é feita uma distinção entre baterias abertas e baterias fechadas ou seladas (em inglês Valve Regulated Lead Acid battery, VRLA battery) [10], [12], [15]. A figura (1.8) abaixo mostra os diferentes tipos de baterias de chumbo-ácido.

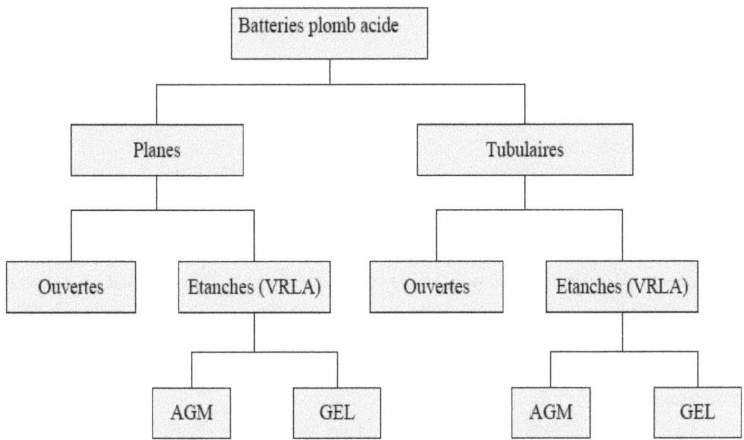

Figura *1.8*: Diferentes tipos de baterias de chumbo-ácido [12]

*1.3.5.1.*Bateria de chumbo-ácido aberta

Durante o funcionamento de uma bateria de chumbo-ácido aberta, os gases produzidos pelas reacções secundárias de decomposição da água escapam naturalmente através dos orifícios dos tampões. A libertação de di-hidrogénio na área de armazenamento da bateria é uma fonte de perigo, uma vez que a sua mistura com o ar ambiente é potencialmente explosiva acima de 4% em volume. [10].

No caso das baterias estacionárias de emergência, é obrigatória a instalação em locais específicos e ventilados. As baterias abertas produzidas atualmente (baseadas em redes com elevada sobretensão de oxigénio e hidrogénio) são frequentemente descritas como "sem manutenção" ou "sem manutenção".

Estas designações foram escolhidas porque o consumo de eletrólito é tão baixo que a reserva original de eletrólito é suficiente para garantir o funcionamento correto da bateria durante toda a sua vida útil. [10].

*1.3.5.2.*Bateria à prova de água

As baterias de chumbo-ácido reguladas por válvula (VRLA), também conhecidas como "ácido de chumbo selado (SLA)", "célula de gel" ou "sem manutenção", são baterias de chumbo-ácido seladas recarregáveis que requerem pouca manutenção. Limitam a entrada e a saída de gás para dentro e para fora da célula, daí o termo "regulada por válvula". [15].

As baterias VRLA são as mais utilizadas devido à sua elevada densidade de potência e facilidade de utilização. As baterias VRLA são consideradas "seladas" porque normalmente não permitem a adição ou perda de líquido. O termo VRLA provém da utilização de válvulas de segurança que permitem a libertação de pressão quando uma condição de falha provoca a acumulação de gás interno mais rapidamente do que a sua recombinação [15].

Existem três tipos principais de baterias VRLA [15] :

1.3.5.2.1. Célula húmida selada com válvula regulada

Este tipo de bateria contém ácido na forma líquida, da mesma forma que uma bateria aberta de chumbo-ácido, mas a caixa da bateria de célula húmida VRLA é mais bem selada [15].

1.3.5.2.2. Baterias AGM (Absorbed Glass Mat)

As baterias AGM diferem das baterias de chumbo-ácido abertas na medida em que o eletrólito é retido nos tapetes de vidro, em vez de inundar livremente as placas. As fibras que compõem o fino tapete de vidro não absorvem e não são afectadas pelo eletrólito ácido. [15].

1.3.5.2.3. Baterias de gel

As pilhas de gel adicionam pó de sílica ao eletrólito, formando um gel espesso semelhante a uma massa. São por vezes designadas por "baterias de silício". Ao contrário de uma bateria de chumbo-ácido aberta, estas baterias não precisam de ser mantidas na posição vertical. As baterias de gel reduzem a evaporação do eletrólito, o derrame (e os consequentes problemas de corrosão) comuns à bateria aberta e oferecem uma melhor resistência ao choque e à vibração [15].

Como mencionado anteriormente, a Figura (1.9) mostra os três tipos de baterias VRLA da esquerda para a direita: bateria de chumbo-ácido selada; bateria AGM; bateria de gel.

Figura *1.9:* Baterias VRLA seladas, AGM e de gel [15]

O quadro 1.3 abaixo apresenta as principais comparações entre as duas principais tecnologias de baterias de chumbo-ácido [10].

Quadro 1.3: Comparação de duas tecnologias de baterias de chumbo-ácido

Tipo de pilha de chumbo	Aberto	À prova de água	
Eletrólito	Líquido	Gelificado	Absorvido pelo separador
Benefícios	-Esperança de vida longa (5 a 15 anos) -Tecnologia menos dispendiosa	-Recombinação => sem perda de água (sem manutenção) -Taxa de libertação de gás muito baixa (segurança)	
Desvantagens	-Consumo de água (manutenção) Instalação em locais específicos (libertação de gases)	-Vida útil mais curta (modos de falha específicos) -Mais sensível à temperatura	

1.4. PROCESSOS DE RECUPERAÇÃO DE BATERIAS DE CHUMBO-ÁCIDO

As baterias de chumbo-ácido usadas podem ser recicladas. [9], [8] ou por regeneração [13], [16].

1.4.1. Reciclagem

O objetivo dos processos de reciclagem é separar os constituintes em diferentes fracções que possam ser reintroduzidas num processo de produção, tratando as fracções perigosas e minimizando os resíduos do processo (efluentes, emissões), o consumo de energia e os custos. [3].

Muitos dos materiais recuperados das baterias de chumbo-ácido usadas (ULCBs) são utilizados no fabrico de novas baterias de chumbo-ácido (LABs). Por exemplo, o chumbo recuperado é frequentemente utilizado nos componentes de chumbo das novas BAP, enquanto o plástico recuperado pode ser utilizado para fabricar novas caixas. O plástico que não pode ser efetivamente separado dos componentes de chumbo nas BAPU é por vezes utilizado como redutor adicional nas operações de redução e refinação do chumbo [9].

Quase todas as células de uma bateria de chumbo-ácido podem ser recicladas. Existem seis (6) fases principais no processo de reciclagem [8] :

> ➢ Recolha e transporte de pilhas para uma instalação de reciclagem ;
> ➢ Separação dos diferentes componentes da bateria ;

➢ Fundição e refinação de componentes de chumbo ;

➢ Limpeza e, em seguida, trituração ou fusão de componentes de plástico;

➢ Purificação e tratamento do eletrólito (ácido sulfúrico) ;

➢ Tratamento e eliminação de resíduos.

A figura 1.10 ilustra o processo típico de uma unidade de reciclagem de BAPU.

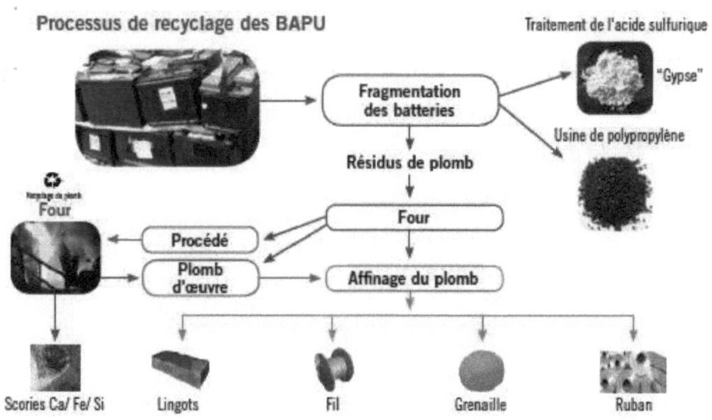

Figura *1.10*: Processo típico de reciclagem de baterias de chumbo [9]

1.4.2. Regeneração

Neste caso, a regeneração diz respeito essencialmente à dessulfatação [13]. Quando uma BAP está na fase de descarga, cria-se um depósito de sulfato de chumbo que adere às placas de chumbo. Este depósito esbranquiçado aumenta a resistência interna da bateria. Quanto maior for a resistência interna da pilha, maior será a energia necessária para a recarregar, até ao ponto em que, tendo ficado demasiado sulfatada, a pilha se recusa a ser carregada. Esta sulfatação é a causa de 80% das avarias das BAP. [16].

A regeneração (dessulfatação) pode ser efectuada através de três processos diferentes [16]:

➢ O processo elétrico: A regeneração eletrónica explora a frequência de ressonância da própria pilha: um equipamento especial emite impulsos alternadamente positivos e negativos com frequências entre 1 e 10 kHz para provocar a "quebra" dos cristais de sulfato de chumbo. Uma vez separados das placas de chumbo da pilha, estes cristais dissolvem-se no eletrólito, diminuindo a resistência interna da pilha e facilitando a sua recarga.

> O processo químico: a regeneração química envolve a adição de uma pequena quantidade de sulfato de magnésio (sal de Epsom) ou, melhor ainda, de EDTA-4Na de sódio ao eletrólito da bateria. Estes compostos químicos dissolverão a crosta de sulfato de chumbo no eletrólito. O tratamento envolve geralmente a drenagem do eletrólito, o enxaguamento, a adição da solução de "limpeza", a drenagem e a reinjecção do eletrólito filtrado. Também é possível adicionar o composto químico diretamente ao eletrólito sem o drenar (tendo o cuidado de não exceder o nível do eletrólito).

> O processo combinado: trata-se da utilização combinada dos dois processos eléctricos e químicos na bateria a regenerar. Este processo é mais complexo porque envolve as fases dos dois processos na mesma bateria.

1.5. TIPO DE ANÁLISE FINANCEIRA

Em finanças, qualquer atividade que exija um investimento inicial é considerada um projeto de investimento, cuja rentabilidade deve ser avaliada antes de se assumir qualquer compromisso, quer se trate de projectos potencialmente geradores de rendimentos ou de projectos não geradores de rendimentos. [17].

Para um projeto de investimento, a decisão de investimento baseia-se, em parte, num cálculo que garante que os fluxos de caixa futuros previstos têm um valor atuarial superior ao custo dos recursos necessários para realizar o investimento. [18].

1.5.1. **Critérios de avaliação da rentabilidade financeira de um projeto**

Depois de estimar os vários fluxos do projeto através dos fluxos de caixa (fluxo de caixa operacional, alterações nas necessidades de capital de exploração, activos fixos, valores terminais, etc.), a taxa de desconto e o custo de investimento do projeto, os critérios de avaliação financeira são o Valor Atual Líquido (VAL), o Índice de Rentabilidade (IP), o Período de Retorno do Investimento (PRP) e a Taxa Interna de Rentabilidade (TIR). [18]. As fórmulas utilizadas para calcular os critérios de avaliação da rentabilidade do projeto são as seguintes [19].

➤ Fluxos de caixa

O fluxo de caixa é utilizado para analisar a atividade de uma empresa de um ponto de vista puramente bancário, a fim de mostrar a situação líquida de tesouraria da empresa. É constituído por entradas e saídas de caixa. As entradas são os montantes que a empresa deverá receber durante o período de previsão, neste caso as vendas. Os desembolsos são os montantes que a empresa pagará durante o período de previsão, ou seja, as despesas e os reembolsos anuais aos investidores externos. Para cada ano n, definimos o Fluxo de Caixa Líquido (FCL):

$$FNT_n = EBITDA - \text{Impostos} - ROC\ \lambda - \text{Investimento} + \text{Subsídio}_n \qquad 1.15$$

Com

$_nO$ EBITDA representa o excedente bruto de exploração do projeto no ano n;

$_nO$ imposto representa o encargo do imposto sobre as sociedades;

$_n\lambda BFR$ representa a variação das necessidades de fundo de maneio no ano n em relação ao ano n-1 ;

$_nO$ investimento representa o montante do investimento financiado no ano n;

$_nSubv$ representa o montante das subvenções recebidas pela empresa do projeto no ano n.

➤ O VAL

O VAL é o indicador financeiro utilizado para medir a rendibilidade de um investimento. O VAL é utilizado para avaliar a capacidade de um investimento criar valor ao longo do tempo, tendo em conta a taxa de rendibilidade exigida pela empresa. O cálculo do VAL implica descontar os fluxos de caixa futuros gerados pelo projeto ao longo da sua vida útil a uma taxa de desconto adequada:

$$FURGÃO = \sum_{i=T0}^{N} FNT \times (1 + K)^{-i} - IC \qquad 1.16$$

Com :

CI: Custo do investimento ;

$_0T$ é o ano em que é efectuado o cálculo do desconto;

N é o ano final do projeto;

k é a taxa de desconto.

> IP

O índice de rentabilidade compara o valor atual dos fluxos de caixa gerados por um projeto de investimento com o montante investido. Um índice de rendibilidade superior a 1 equivale a um valor atual líquido positivo. É um indicador de rendibilidade que permite medir o valor criado por cada franco gasto no investimento:

$$IP = (VAL / \text{Custo do investimento inicial}) + 1 \qquad 1.17$$

> DRCI

O período de retorno do investimento é o número de meses ou anos necessários para recuperar um investimento. O investimento preferido é aquele que tem o período de retorno mais rápido. O DRCI é geralmente determinado por interpolação linear entre dois períodos durante os quais o custo do investimento será igual ao fluxo de caixa previsto.

$$DRCI = \frac{CI - \text{FNT ACT cumul inf}}{\text{FNT ACT cumul sup} - \text{FNT ACT cumul inf}} + \text{AN FNT ACT cumul inf} \qquad 1.18$$

Com :

CI: custo de investimento ;

FNT ACT cumul inf : Fluxo de caixa líquido inferior acumulado ;

FNT ACT cum sup: Fluxo de caixa líquido atualizado cumulativo ;

> ATIRAR

É a taxa mínima de rendibilidade que um projeto de investimento deve ter para que haja uma equivalência entre o seu custo de investimento inicial e o seu cash flow futuro, ou seja, é a taxa para a qual o VAL é nulo. Mede, portanto, a rendibilidade de um investimento.

Esta taxa, que iguala o custo do investimento aos seus fluxos de caixa futuros, pode ser calculada por simples resolução matemática, por interpolação linear, ou simplesmente utilizando a folha de cálculo Excel (função TIR) para calcular a seguinte equação (assumindo VAL = 0):

$$IC = \sum_{i=T0}^{N} FNT \times (1 + K)^{-i} \qquad 1.19$$

Com :

CI: Custo do investimento ;

$\sum_{i=T0}^{N} FNTi \times (1 + K)^{-i}$ Fluxos de caixa actualizados a serem gerados pelo investimento ;

K: TIR (a ser pesquisada) ;

N: período estimado durante o qual o investimento gerará fluxos de caixa.

Note-se que esta análise financeira se baseará num modelo normalizado de previsão financeira para um projeto de investimento [20].

<u>CONCLUSÃO</u>

Graças a este estudo, compreendemos a utilidade dos sistemas de armazenamento de energia, em particular as tecnologias de armazenamento de baterias electroquímicas. É de notar que a tecnologia de chumbo-ácido é a mais antiga, a mais adequada para muitas aplicações e a menos dispendiosa, o que a torna a tecnologia mais utilizada no mundo em geral e em África em particular.

<u>**CAPÍTULO 2: DEGRADAÇÃO DAS BATERIAS DE CHUMBO E POTENCIAL DAS BATERIAS DE CHUMBO USADAS NO BENIM**</u>

<u>**INTRODUÇÃO**</u>

Como qualquer peça de equipamento em funcionamento, uma BAP pode deteriorar-se com o tempo ou em resultado de más condições de funcionamento.

Este capítulo está dividido em três secções principais:

> ➢ A primeira parte apresenta todas as causas da degradação da BAP;
>
> ➢ A segunda parte destacará os modos mais frequentes de degradação das BAP;
>
> ➢ A parte final deste capítulo avaliará o potencial das BAPUs no Benim.

2.1. CAUSAS DE DETERIORAÇÃO

As principais causas da degradação das baterias de chumbo-ácido são numerosas, tendo May et al citado quinze (15), a saber [11], [13], [21] :

2.1.1. Corrosão da grelha positiva

A grelha positiva é mantida à tensão de carga, imersa em ácido sulfúrico, e será corroída durante toda a vida útil da bateria quando for atingida a tensão de carga máxima. Para uma elevada resistência à corrosão, a liga da grelha pode ser de chumbo-antimónio, chumbo-cálcio-estanho, chumbo-estanho ou chumbo puro, a espessura da grelha e outros parâmetros de conceção da grelha são seleccionados para fornecer metal suficiente para a vida útil prevista da bateria [21].

O processo de fabrico da grelha e a microestrutura da liga da grelha são importantes. A corrosão da grelha é acelerada por tensões de carga mais elevadas. A tensão é definida de modo a proporcionar uma bateria totalmente carregada sem perda excessiva de água, e a corrosão é mantida a um nível que proporciona a vida útil esperada. A definição correcta da tensão de carga é essencial [22]. A corrosão da rede também é sensível à temperatura. A resistência da rede aumenta ao longo da vida útil da bateria, acelerando no final da vida útil. Verificar-se-á também uma perda de conetividade entre a rede e o material ativo [21].

2.1.2. Crescimento positivo da rede

As variações no volume de material ativo e no volume de produto de corrosão exercem tensão sobre as grelhas, que podem deformar-se à medida que a bateria envelhece. As grelhas podem crescer e entrar em contacto com a barra do grupo negativo, provocando curto-circuitos. Podem também crescer de tal forma que deixam de estar isoladas nos bordos das placas [21].

Alguns modelos de baterias acomodam este fenómeno de forma segura, utilizando um isolador sob a barra de grupo. Outros permitem que as grelhas cresçam para baixo ou se adaptem a uma certa distorção. Isto pode levar a uma pressão sobre o vedante do pilar, que pode ficar deformado e desenvolver fugas. A caixa pode rachar e começar a ter fugas. O crescimento da grelha também leva a uma perda de conetividade entre a grelha e o material ativo, o que aumenta a resistência interna e reduz a capacidade da bateria. O crescimento da grelha pode ser reduzido seleccionando corretamente a liga da grelha e assegurando que a espessura da grelha e as secções transversais do fio são adequadas [21].

As placas positivas tubulares são geralmente mais resistentes aos efeitos do crescimento da grelha do que as placas ligadas, uma vez que o crescimento lateral é limitado por manoplas de tecido e o crescimento vertical pode ser reduzido. As ligas de chumbo-antimónio são mais resistentes ao crescimento da rede do que as ligas de chumbo-cálcio-estanho porque têm uma maior resistência à tração e à fluência, mas para as baterias VRLA devem ser utilizados chumbo-cálcio-estanho, chumbo-estanho ou chumbo puro nas redes para suprimir as perdas de água [21].

2.1.3. Sulfatação

O produto normal da descarga nas placas positivas e negativas é o sulfato de chumbo. Este está normalmente muito finamente dividido e é fácil de recuperar por recarga, mas com o tempo e os ciclos, tende a aglomerar-se e torna-se mais difícil de recarregar, levando eventualmente a uma perda de capacidade. Verificar-se-á um aumento da resistência interna da pilha e uma perda de rendimento. A sulfatação aumentará se a bateria for deixada num estado de descarga parcial ou total durante longos períodos de tempo [21].

As baterias sulfatadas têm uma resistência interna elevada e só podem fornecer uma pequena fração da corrente de descarga normal. O sulfato também afecta o ciclo de carga, resultando em tempos de carga mais longos, carga menos eficiente e incompleta e temperatura mais elevada da bateria. [11], [13].

2.1.4. Amolecimento do ingrediente ativo

Com o tempo, o material ativo pode tornar-se macio e menos coeso. Este fenómeno será mais rápido se a bateria for sujeita a ciclos profundos e conduzirá a uma perda de capacidade. No caso das placas positivas, este fenómeno pode ser reduzido utilizando pastas de densidade mais elevada [21].

2.1.5. Estratificação ácida

Durante a recarga, é produzido ácido sulfúrico em ambas as placas, uma vez que o sulfato de chumbo é reduzido na placa negativa e oxidado na placa positiva, e o ácido com maior concentração e, por conseguinte, densidade, tende a deslocar-se para o fundo da célula. O ácido é estratificado com um gradiente de densidade do topo para o fundo da célula. Isto aumenta a tendência para a sulfatação ocorrer em áreas de maior concentração de ácido e também leva a variações na utilização do ingrediente ativo. Este problema pode ser eliminado através de simples bombas de recirculação de ácido. Este problema afecta as pilhas abertas e as pilhas VRLA são menos afectadas pela estratificação porque o separador ou gel AGM imobiliza o eletrólito. Para os tipos AGM, a altura do pavio do separador é limitada, o que limita a altura da célula. As células altas são geralmente utilizadas lateralmente para evitar quaisquer problemas com a variação da densidade ácida [21].

2.1.6. Secagem

No caso das baterias VRLA, no final da sua vida útil ou em determinadas condições de falha, como tensões de carga excessivas, as células perdem água, o que provoca a contração do separador, a perda de compressão e a redução do contacto entre as placas e o separador. Estas condições conduzem a uma perda de capacidade e a um aumento da resistência interna. As temperaturas de funcionamento mais elevadas também aumentam o risco de secagem. Se a dessecação ocorrer mais rapidamente, por exemplo, devido à alta tensão aplicada, pode levar à fuga térmica. Também pode ocorrer durante períodos prolongados com tensões de carga normais, mas a bateria já terá ultrapassado a sua vida útil normal. As células são concebidas de modo a que a secagem não seja um modo de falha normal. A secagem pode ser o resultado de uma falha mecânica, de uma temperatura ambiente elevada, de um carregamento incorreto ou de uma combinação destes factores, ou pode ocorrer numa bateria que tenha ultrapassado o seu fim de vida útil. Se a tensão de carga for corretamente controlada, a secagem não deve ser um modo de falha. Para as baterias abertas, não há risco de secagem com adições regulares de água para manutenção [21].

2.1.7. Juntas de pilares com fugas

Os vedantes dos pilares podem apresentar fugas em serviço devido a defeitos de fabrico. As células VRLA podem secar e o ácido na superfície da bateria pode causar correntes de defeito à terra que, por sua vez, podem conduzir a sobreaquecimento e fuga térmica. [21].

2.1.8. Fuga do vedante da tampa

As juntas da tampa também podem apresentar fugas devido a defeitos de fabrico, com resultados semelhantes aos da junta do pilar. As boas práticas de fabrico são a chave para evitar esta causa de falha [21].

2.1.9. Falha de ventilação

Os orifícios de ventilação das baterias VRLA podem estar em falta, ser ejectados ou não fechar, resultando numa capacidade reduzida, secagem acelerada, perda de eletrólito ou ambos. No caso das células abertas, não ocorrem danos se os respiradouros estiverem danificados [21].

2.1.10. Danos mecânicos

Os danos mecânicos acidentais podem provocar fugas nas células, conduzindo a uma falha semelhante à de um vedante de pilar com fugas. A perda de eletrólito pode levar à secagem e à perda de capacidade [13], [21].

2.1.11. Corrosão da barra de grupo

A ligação da barra de grupo aos olhais de placa pode ser corroída e eventualmente desligada. A liga da barra de emenda e a ligação entre a barra de grupo e os olhais de placa devem ser corretamente especificadas, especialmente se esta for uma operação manual. [21].

2.1.12. Curto-circuito interno

Podem resultar de danos ou da penetração do separador. Podem ser curtos-circuitos graves que conduzem a uma falha rápida ou curtos-circuitos suaves em que a falha é relativamente menor e pode não ser aparente inicialmente, uma vez que se pode desenvolver ao longo do tempo. Os curto-circuitos internos conduzem a uma perda de capacidade por auto-descarga antes da utilização. Os curtos-circuitos podem conduzir a uma fuga térmica nas células VRLA [21].

2.1.13. Ignição externa por hidrogénio

As baterias emitem pequenas quantidades de hidrogénio durante o carregamento. Em condições normais de funcionamento e num recinto bem ventilado, esta quantidade não deve atingir o limite de inflamabilidade do hidrogénio no ar, mas pode ocorrer em caso de avaria. [21]. Devem ser utilizadas aberturas de ventilação à prova de fogo.

2.1.14. Sobreaquecimento das ligações externas

Se as ligações inter-células ou inter-monoblocos não estiverem seguras, existe o risco de sobreaquecimento, especialmente durante a descarga, devido à elevada resistência local, o que, em casos extremos, pode provocar um incêndio. [21].

2.1.15. Fuga térmica

A fuga térmica nas baterias VRLA é uma condição instável em que a aplicação da tensão de carga faz com que a temperatura da bateria aumente de forma incontrolável e, em casos extremos, pode levar a um incêndio ou explosão da bateria. A corrente não é normalmente limitada, uma vez que a bateria é capaz de absorver grandes correntes para recarregar após um ciclo de descarga[21].

Há várias causas para a fuga térmica, como indicado acima, nomeadamente secagem, curto-circuito interno, inversão da célula e outras falhas. Pode também ser causada por uma tensão de carga excessiva acelerada pelo aumento da temperatura no ambiente local. Para as células abertas, não há qualquer dificuldade [21].

NB: De acordo com May et al (2018) [21], algumas das causas de falha descritas podem ser evitadas através das melhores práticas de conceção, fabrico e funcionamento das baterias [22] mas outras, como a corrosão e o crescimento da rede positiva, a sulfatação e o amolecimento dos materiais activos, exigem uma combinação de melhores materiais, mais melhorias na conceção da bateria e um controlo cuidadoso dos parâmetros de carregamento.

2.2.FORMAS MAIS FREQUENTES DE DANOS

No seu relatório sobre o estado da arte das tecnologias de dessulfatação (2011, que reuniu mais de 13 profissionais no domínio da regeneração das BAP), a ADEME definiu os principais e mais frequentes modos de degradação das BAP, considerando todas as tecnologias em conjunto, de acordo com as causas acima mencionadas. O quadro 2.1 apresenta esses modos de degradação.

Tabela 2.1: Modos mais frequentes de degradação das baterias de chumbo-ácido *[13]*

Tipo de dano	Causas	Consequências	Tipo de pilha em causa	Reversibilidade
Corrosão do elétrodo positivo	- Oxidação espontânea em repouso e sob carga - Acelerado pela estratificação electrolítica	- Curto-circuitos - Deficiência na condução eléctrica	- Principal causa de baterias paradas - Causa secundária para as baterias de tração	Não
Degradação do ingrediente ativo	Fenómeno espontâneo	Curto-circuitos	Principal causa das baterias de tração	Não

Secagem do eletrólito	- A recombinação de gases nunca é 100% eficiente - Perda de água durante as sobrecargas	Aceleração da sulfatação	Informação não disponível [13] Tecnologia VRLA [21]	Não
Sulfatação	- Utilização ou manutenção incorrectas - Acelerado pela estratificação electrolítica	Deficiência na condução eléctrica	Causa secundária para as baterias de tração e estacionárias (ligada a uma utilização incorrecta: tempo de descarga demasiado longo, subcarga, etc.).	Sim : Dessulfataçã o

Os vários modos de degradação mencionados no quadro são definidos do seguinte modo [13] :

2.2.1. Corrosão do elétrodo positivo

Corresponde à oxidação espontânea do chumbo na grelha do elétrodo positivo quando a bateria está em repouso e a ser carregada.

2.2.2. Degradação do ingrediente ativo

Trata-se da decomposição do material ativo do elétrodo positivo em partículas que se acumulam no fundo da pilha. As partículas podem penetrar nas redes porosas dos separadores e acumular-se entre duas placas.

2.2.3. Sulfatação

Trata-se de uma acumulação de sulfato de chumbo na bateria. 4Durante a descarga, formam-se cristais de sulfato de chumbo (PbSO) nos eléctrodos positivo e negativo. Este fenómeno desaparece normalmente quando a pilha é recarregada. No entanto, em determinadas condições (descarga prolongada ou demasiado profunda, temperatura elevada, gaseificação do eletrólito, subcarga), surgem ilhas estáveis de sulfato de chumbo que deixam de se dissolver durante a carga.

NB: Após todas estas degradações, existe outro parâmetro que tem um efeito grave na duração da bateria: a temperatura de funcionamento, que pode ser função da temperatura ambiente. A tabela 2.2 abaixo dá um exemplo do efeito da temperatura de funcionamento na duração da bateria.

Tabela 2.2: Efeito da temperatura na duração da bateria *[1]*

Temperatura média	AGM Ciclo profundo Anos	Gel Ciclo profundo Anos	Gel Longa vida útil Anos
20°C / 68°F	7 - 10	12	20
30°C / 86°F	4	6	10
40°C / 104°F	2	3	5

A regra é que a vida útil diminui em 50% por cada 10°C acima de 20°C. *A* 30°C a vida útil será reduzida em 50%, a 40°C a vida útil será reduzida em mais 50%.

Como resultado, a duração da bateria será um quarto da que teria a 20°C, daí a má experiência de duração da bateria na África Subsariana, porque uma bateria pode aquecer (aumentar de temperatura) pelas seguintes razões

> ➢ Descarga rápida;
> ➢ Recarregamento rápido ;
> ➢ Um ambiente acolhedor.

2.3.AVALIAÇÃO DO POTENCIAL DO BAPU NO BENIM

Esta avaliação baseia-se nas várias realizações no domínio das energias renováveis e da energia solar fotovoltaica em particular.

Para identificar as perspectivas de desenvolvimento da energia solar a nível regional, é necessário analisar as principais iniciativas do Estado neste domínio, a maior parte das quais consistem em grandes projectos de infra-estruturas. Com base na experiência das primeiras iniciativas públicas (projeto de construção de 24 aldeias solares em

1990), o Governo beninense relançou, nos últimos anos, dois novos projectos de desenvolvimento da energia solar [23]. Estes são :

Em primeiro lugar, o Programa Regional para o Desenvolvimento das Energias Renováveis e da Eficiência Energética (PRODERE), que teve início em junho de 2014, é um programa cofinanciado pela União Económica e Monetária da África Ocidental (UEMOA) e pelo Estado do Benim, que visa reduzir substancialmente o défice energético nos países membros da UEMOA. Centra-se numa série de acções prioritárias (UEMOA e SABER, 2013):

> A instalação de candeeiros solares nos campus universitários e nas estradas principais de quatro grandes cidades;
> A construção de centrais de microgeração solar em zonas rurais;
> Instalação de kits solares fotovoltaicos em algumas casas, escolas e centros de saúde do Benim nas zonas rurais.

Em segundo lugar, na sequência dos primeiros resultados conclusivos do PRODERE, o governo do Benim criou o seu próprio projeto de desenvolvimento das energias renováveis, denominado PROVES.

O PROVES (Projeto de Desenvolvimento da Energia Solar) liderado pela ANADER (Agência Nacional para o Desenvolvimento das Energias Renováveis). O objetivo deste segundo grande projeto era

> Iluminação pública solar com a instalação de 15 000 postes de iluminação em todo o país;
> Construção de centrais microeléctricas solares fotovoltaicas em 105 localidades rurais.

A nossa avaliação incide, portanto, no número de centrais solares de iluminação pública e de microgeração solar fotovoltaica já existentes, entre as previstas para estes dois grandes projectos.

2.3.1. Avaliação da iluminação pública solar no Benim

Quadro 2.3: Situação da iluminação pública solar no Benim em 2020 [24]

Nº	Departamento	Projectos do Ministério da Energia			Total de projectos do Ministério da Energia	Outros projectos (câmaras municipais e projectos rodoviários)	Total de postes de iluminação pública instalados	Instalação de candeeiros de rua
		PROVAS	PRODERE	PILAKS-PV				
1	ALIBORI	880	-	50	930	30	960	0
2	ATACORA	1 120	40	10	1 170	56	1 226	0
3	ATLANTIQUE	2 345	82	750	3 177	1 413	4 590	669
4	BORGOU	1 870	95	30	1 995	645	2 640	0
5	COLINAS	828	10	400	1 238	24	1 262	0
6	COUFFO	870	0	0	870	64	934	0
7	DONGA	570	0	40	610	236	846	0
8	LITTORAL	2 666	420	0	3 086	0	3 086	321
9	MONO	915	0	200	1 115	125	1 240	800
10	OUEME	1 759	63	20	1 842	70	1 912	811
11	PLATEAU	540	10	0	550	0	550	0
12	ZOU	1 347	10	0	1 357	180	1 537	0

Total	15 710	730	1 500	17 940	2 843	20 783	2 601
Proporção de postes de iluminação pública instalados por projeto	76%	3%	7%	86%	14%	100%	

A Tabela 2.3 mostra o número de postes de iluminação pública instalados por projeto em cada um dos departamentos do Benim de 2015 a 2020. Apresenta igualmente o número de postes de iluminação pública a instalar pelo Ministério das Infra-estruturas e dos Transportes (MIT) a partir de 2020.

Já foram instalados **20 783 postes de iluminação solar** no Benim e **2 601** estão atualmente a ser instalados pelo Ministério das Infra-estruturas e dos Transportes no âmbito de obras de beneficiação de estradas.

Dos 20 783 postes de iluminação solar já instalados, 17 940 (ou 86% do total instalado) provêm de projectos do Ministério da Energia (PROVES, PRODERE e PILAKS-PV) e os restantes (2 843 ou 14%) de projectos municipais e de melhoria de estradas. [24]. A repartição por projeto é a seguinte

> ➢ 15.710 postes de iluminação pública instalados para o projeto PROVES (76%) ;
> ➢ 1.500 por conta de PILAKS-PV (7%) ;
> ➢ 730 por conta do PRODERE (3%) ;
> ➢ 2.843 postes de iluminação pública instalados para projectos de melhoramento municipal e rodoviário (14%).

2.3.1.1. Avaliação dos materiais necessários para a reabilitação das infra-estruturas de iluminação solar

As últimas instalações de iluminação pública de ambos os projectos foram entregues em 2015. Dado o tempo de vida médio das baterias, que é de apenas 4 a 5 anos [25]a substituição de todas as baterias destas instalações foi já programada para 2020.

Tendo em conta o que precede, o equipamento necessário para a reabilitação da infraestrutura de iluminação pública solar foi avaliado e resumido no Quadro 2.4. [24] abaixo:

Quadro 2.4: Avaliação dos equipamentos necessários para a reabilitação das infra-estruturas de iluminação pública solar

Designação	Quantidade	Equipamento necessário para a reabilitação
Candeeiros de pé funcionais	12 328	Pilhas a substituir
Candeeiros de rua avariados	6 804	Baterias e reguladores, exceto os da PROVES
Candeeiros de rua avariados no projeto PROVES	3 947	
Candeeiros de iluminação pública avariados, exceto os do projeto PROVES	2 857	Baterias e reguladores
Postes de iluminação pública vandalizados, com exceção dos situados nas estradas principais	1 584	Tudo em um
Postes de iluminação pública vandalizados nas principais estradas	67	Baterias e reguladores

Em termos de baterias a regenerar, existe um potencial de 19 132 baterias (6 804 baterias de candeeiros de iluminação pública avariados e 12 328 baterias de candeeiros de iluminação pública funcionais que já não estão a prestar os seus serviços e que, portanto, estão no fim da sua primeira vida).

Estes candeeiros de iluminação pública estão equipados com baterias de gel de 12V / 150Ah, e o nosso primeiro número potencial de baterias a regenerar é de **19 132 baterias de gel de 12V / 150Ah** até 2020.

2.3.2. Situação atual das centrais microeléctricas fotovoltaicas no Benim

De acordo com o relatório da ESEIM (Energy System Equipments Installation & Maintenance, em maio de 2019), empresa contratada pelo ECREEE (Centro para as Energias Renováveis e Eficiência Energética da CEDEAO) para realizar um inventário das centrais microprodutoras fotovoltaicas instaladas no Benim, podem ser tiradas as seguintes conclusões sobre a situação atual [26] :

> Em 2019, já tinham sido instaladas 80 centrais de microgeração solar fotovoltaica em 78 localidades do Benim, das quais 74 pelo PROVES e 6 pelo PRODERE.

Os quadros 2.5 e 2.6 apresentam a distribuição destas centrais microeléctricas por departamento e por dimensão.

Quadro 2.5: Número de centrais microeléctricas por departamento

N°	Departamento	PRODERE	PROVAS	Total
1	Atacora	3	12	**15**
2	Alibori		11	**11**
3	Borgou	1	9	**10**
4	Donga			**0**
5	Colinas	1	6	**7**
6	Zou	1	16	**17**
7	Couffo		8	**8**
8	Tabuleiro		2	**2**
9	Mono		5	**5**
10	Atlântico		3	**3**
11	Ouémé		2	**2**
	BENIM	**6**	**74**	**80**

Quadro 2.6: Repartição do número de minicentros por dimensão

N°	Tamanho	PRODERE	PROVAS	Total
1	15 kWp	2	0	**2**
2	20 kWp	1	13	**14**
3	30 kWp	1	26	**27**
4	40 kWp		35	**35**

| 5 | 45 kWp | 2 | 0 | **2** |
| | **BENIM** | **6** | **74** | **80** |

2.3.2.1. Inventário de frotas de baterias

De um modo geral, as baterias instaladas são do tipo **OPzV 2 V / 2000 Ah** para ambos os projectos. [26]. O número de baterias instaladas de acordo com a dimensão das centrais microeléctricas é apresentado na Tabela 2.7 [27].

Tabela 2.7: Número de baterias instaladas por dimensão da central de microgeração

N°	Tamanho	Número de baterias de 2V / 2000 Ah por tamanho	PRODERE	PROVAS
1	15 kWp	24	2	0
2	20 kWp	44	1	13
3	30 kWp	74	1	26
4	40 kWp	96	0	35
5	45 kWp	120	2	0
Total de baterias instaladas			**406**	**5856**

A tabela 2.7 mostra que as baterias instaladas nos dois projectos PRODERE e PROVES são, respetivamente, **406** e **5856, o que perfaz** um total de **6262** baterias **OPzV 2 V / 2000 Ah**.

As centrais do PRODERE e do PROVES foram entregues em 2017 e 2018, respetivamente, e estão atualmente em funcionamento há 5 anos e 4 anos.

Dado que as baterias têm uma duração de vida não superior a 4 ou 5 anos, as baterias destas instalações estarão no fim da sua primeira vida em 2022.

Em termos do potencial atualmente disponível (2022) ao nível das estações de microgeração, dispomos apenas de **6262 baterias**. Este potencial pode parecer insignificante, mas já nos está a permitir criar um modelo de negócio.

Na sequência desta avaliação, o potencial quantificado de BAPU no Benim é apresentado no Quadro 2.8 infra.

Quadro 2.8: Potencial BAPU no Benim

Potencial da BAPU em 2022	
Baterias	**Quantidade**
12 V / 150 Ah (candeeiros de pé)	19 132
2 V / 2000 Ah (Micro centrais eléctricas)	6262

No entanto, se tivermos em conta a não homogeneidade dos critérios de regeneração das baterias (danos mecânicos, tensão satisfatória, nível e densidade do eletrólito, idade, capacidade e falha por curto-circuito), este potencial não pode ser considerado totalmente explorável, o que significa que, para uma dada quantidade de baterias, cerca de 80% são regeneráveis. [13].

Esta taxa de 80% aplicada ao nosso primeiro potencial dá-nos o potencial de baterias regenerativas com o qual construiremos o modelo de negócio. Este potencial é apresentado na tabela 2.9 abaixo.

Quadro 2.9: Potencial de BAPU regenerável

Potencial para BAPU regenerável	
Baterias	**Quantidade**
12 V / 150 Ah (candeeiros de pé)	15 305
2 V / 2000 Ah (Micro centrais eléctricas)	5009

NB: Para a análise financeira da rentabilidade do projeto, o potencial tido em conta é o das baterias regenerativas e a análise baseia-se num potencial total de 20 000 BAPUs, sendo 15 000 BAPUs de gel de 12 V / 150 Ah e 5 000 BAPUs OPzV de 2 V / 2 000 Ah.

<u>CONCLUSÃO</u>

Este capítulo analisa as causas e os modos de falha que podem ocorrer durante a vida de uma BAP. Estas podem ser classificadas de acordo com as causas das falhas mecânicas, eléctricas e físico-químicas.

Entre os modos de degradação físico-química, a corrosão e a degradação do material ativo são as principais causas de falha das baterias estacionárias, sendo estes fenómenos irreversíveis. De todos os tipos de degradação físico-química que podem afetar as BAP, apenas a sulfatação é reversível.

A avaliação do potencial de BAPUs no Benim através da ação governamental permitiu-nos quantificar um total de **25.934** BAPUs atualmente disponíveis (2022) com um potencial significativo num futuro muito próximo. Este potencial divide-se em dois tipos, a saber **19.132 BAPUs Gel 12 V / 150 Ah e 6.262 BAPUs OPzV 2 V / 2.000 Ah.**

Além disso, com o Benim mais do que nunca no caminho certo da sua transição energética, desenvolvendo o seu potencial de energias renováveis e optimizando a eficiência energética, o potencial da BAPU poderá crescer exponencialmente num futuro muito próximo, especialmente com a implementação de novos projectos previstos pelo Ministério da Energia no âmbito do Plano de Ação Governamental 2021-2026.

INTRODUÇÃO

O objetivo deste estudo é fazer o ponto da situação das tecnologias existentes para a dessulfatação da BAPU (também designada por "regeneração" pelos profissionais do sector), dos seus métodos de funcionamento e de uma análise comparativa dos diferentes processos do ponto de vista técnico, económico e ambiental, a fim de escolher o melhor processo.

As tecnologias de dessulfatação das BAP têm por objetivo prolongar a vida útil das BAPU, combatendo o fenómeno da sulfatação.

Este capítulo está estruturado em três partes, como se segue:

> ➢ A primeira parte apresenta uma panorâmica geral da regeneração;
> ➢ A segunda parte analisa o estado da arte dos processos de regeneração da BAPU;
> ➢ A terceira secção compara os diferentes processos.

3.1. INFORMAÇÕES GERAIS SOBRE A REGENERAÇÃO

3.1.1. Porquê a dessulfatação?

> ➢ A sulfatação é um fenómeno natural e reversível, acelerado, nomeadamente, pelo calor [28] e por descargas profundas (no caso das baterias solares);
> ➢ Esta sulfatação é a causa de 80% dos fracassos das BAP devido à perda de capacidade. [16] ;
> ➢ Uma bateria muito sulfatada não poderá prestar o seu serviço e terá de ser substituída ou revitalizada;
> ➢ Uma pilha é irreparável quando sofre um curto-circuito (excesso de sulfato de chumbo que provoca a perfuração do isolamento).

3.1.2. Os benefícios da regeneração

A utilidade da regeneração da BAPU é resumida nas Figuras 3.1 e 3.2 abaixo.

As principais fases do ciclo de vida de uma bateria sem dessulfatação podem ser resumidas da seguinte forma:

Figura *3.1*: Ciclo de vida de uma bateria não regenerada

Quando se inclui uma fase de dessulfatação, o ciclo de vida de uma bateria é modificado da seguinte forma:

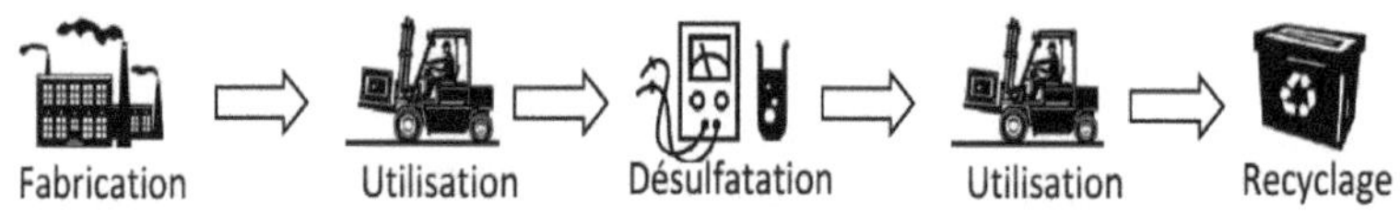

Figura *3.2*: Ciclo de vida de uma bateria regenerada

Sem contar com a economia de tempo na aquisição de novas baterias para substituição, a regeneração é, portanto, perfeitamente adequada para a tarefa, proporcionando uma solução económica e ecológica imediata para todos.

3.1.3. **Definição**

Os intervenientes na dessulfatação definem-na como um processo que permite prolongar a vida útil das BAPU ou das baterias cujo desempenho já não satisfaz as necessidades do utilizador, através da correção do fenómeno da sulfatação. O mesmo processo pode, por vezes, ser aplicado a baterias novas (ou quase novas) para evitar a sulfatação. [13].

Esta atividade de dessulfatação da BAPU é um mercado que está atualmente a ser desenvolvido tanto para as baterias industriais (baterias de tração ou estacionárias) como para as baterias de automóveis (baterias de arranque).

3.1.4. **Princípio da regeneração**

O quadro 3.1 apresenta uma panorâmica do princípio de funcionamento da regeneração.

Quadro *3.1*: Panorama da regeneração

Princípio da regeneração	Método	Envio de impulsos eléctricos, químicos e/ou combinados de alta potência controlados
	Duração	De 20 horas para baterias de arranque a 5 dias para baterias industriais
	Efeito	Os impulsos quebram a estrutura cristalina do sulfato de chumbo e reconstituem as placas de chumbo
	Resultados	A bateria recupera a sua capacidade original: New Life
Para que tipos de pilhas?	Arrancar, puxar, estacionário	GEL, AGM, com ou sem manutenção, etc...
Relevante para que aplicações?	Transporte	Automóveis, camiões, carrinhas, barcos, etc.
	Máquinas de construção	Pás mecânicas, gruas, apanhadores de cereja, lavadores de roupa...
	Manuseamento	Porta-paletes, empilhadores, empilhadores, etc.
	Armazenamento de energia	UPS, painéis solares, turbinas eólicas, etc...

3.2. ESTADO DA ARTE DOS PROCESSOS DE REGENERAÇÃO DE BATERIAS

Durante este estudo, foram identificados três processos de dessulfatação (regeneração). São os seguintes:

> ➢ Processo químico ;
>
> ➢ Processo elétrico ;
>
> ➢ Processo elétrico e químico combinado.

Os modos de funcionamento destes três processos são descritos a seguir.

3.2.1. Processo de regeneração química

Este processo utiliza apenas um componente químico. O processo químico consiste em adicionar uma pequena quantidade de polímero orgânico ao eletrólito da bateria. [29]sulfato de magnésio, EDTA ou peróxido de hidrogénio [30]entre outros) sob a forma líquida, em pó ou em cápsulas. Estes compostos químicos dissolverão a crosta de sulfato de chumbo no eletrólito.

A desvantagem deste processo reside na complexa determinação do volume específico de aditivo a adicionar, que varia em função das características da bateria a regenerar, e no manuseamento de produtos químicos tóxicos e perigosos.

3.2.1.1. A eficiência do processo químico

A eficácia deste processo foi verificada por vários autores que dessulfataram o BAP utilizando aditivos químicos. Estes incluem :

- ➢ Minami et al (2004) [31]Ikeda et al (2007) [29] e Ikeda et al (2008) [30]Após oito anos (8 anos) de pesquisa (1996 a 2004) no Instituto de Pesquisa de Baterias do International Technology Exchange (ITE Battery Research Institute), eles conseguiram encontrar aditivos químicos que poderiam efetivamente dessulfatar o BAPU ;
- ➢ ADEME [13] no seu relatório sobre o estado da arte das tecnologias de dessulfatação, três (3) profissionais utilizam este processo (2011);
- ➢ Paglietti [32] no estudo para avaliar o efeito de aditivos no eletrólito para determinar a concentração máxima permitida para regenerar BAPs.

3.2.1.2. Diagrama de processo químico

O tratamento envolve geralmente a drenagem do eletrólito, o enxaguamento, a adição da solução de limpeza, a drenagem e a reinjecção do eletrólito filtrado. Também é possível adicionar o composto químico diretamente ao eletrólito sem o drenar (tendo o cuidado de não exceder o nível do eletrólito).

Quanto aos profissionais, cada um tem a sua própria forma de atuar, mas todos têm pontos em comum, a partir dos quais elaborámos o seguinte diagrama sinóptico.

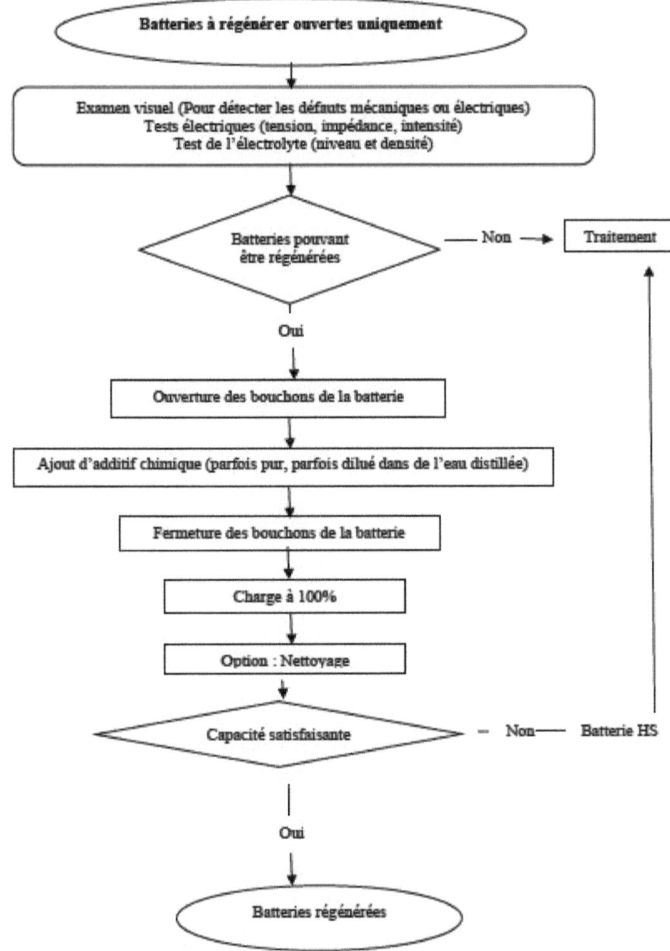

Figura *3.3*: Fluxograma de um processo químico típico para a regeneração de baterias [13]

Durante a preparação, é efectuada uma inspeção visual da bateria para garantir que esta pode ser regenerada (dessulfatada). Em particular, as baterias com fugas, corrosão, terminais danificados ou quaisquer outros danos visíveis e irreversíveis devem ser eliminadas desde o início. Os testes de tensão, impedância, corrente e densidade do eletrólito completam a fase preparatória.

A dessulfatação (regeneração) propriamente dita pode então começar: os jogadores injectam um aditivo químico no eletrólito. A quantidade injectada é calculada em função dos parâmetros da pilha (principalmente a sua capacidade). Pode também ser adicionada água destilada para ajustar o nível do eletrólito.

Para completar a dessulfatação, a bateria é carregada a 100%. Isto ativa o aditivo e permite que a bateria seja reutilizada.

3.2.1.3. Descrição de uma instalação de regeneração química

O processo completo de regeneração segue as três fases acima mencionadas (preparação, dessulfatação e finalização), durante as quais são utilizados vários equipamentos.

O quadro 3.2 resume a instalação do processo de regeneração química, especificando as diferentes etapas, os equipamentos utilizados e as características técnicas do processo.

Quadro *3.2*: Características de uma instalação de regeneração química

Critérios de elegibilidade para a regeneração	
Sem danos mecânicos	
Tensão satisfatória	
Nível e densidade dos electrólitos satisfatórios	
Idade (não demasiado velha) e capacidade (não demasiado baixa)	
Tipos de pilhas em causa	
BAP (apenas aberto)	Arranque, tração e imobilização
Diferentes fases e equipamentos utilizados	
Preparação	Multímetro, voltímetro, amperímetro, medidor de impedância
Dessulfatação	Polímero orgânico, EDTA, peróxido de hidrogénio

Finalização	Carregador clássico ou carregador específico, dispositivo de limpeza
Especificações técnicas	
Duração do processo	Algumas horas, resultados após vários ciclos de carga e descarga
Utilização do processo na manutenção preventiva	Possível
Operador	É necessário um operador em cada fase
Critérios de controlo para verificar o sucesso	Capacidade da bateria regenerada
Taxa de sucesso	70 a 80% das BAP aceites para regeneração
Duração da utilização da BAP regenerada	A duração da utilização pode ser multiplicada por 1,5 ou 2
Capacidade de regeneração	85 a 95% da capacidade do fabricante

3.2.2. Processo de regeneração eléctrica

O processo utiliza apenas um componente elétrico. A regeneração eléctrica explora a frequência de ressonância natural da pilha. Um equipamento especial chamado regenerador (dessulfatador) emite impulsos de frequências variáveis, alternadamente positivos e negativos, para quebrar os cristais de sulfato de chumbo. Uma vez separados das placas de chumbo da bateria, estes cristais dissolvem-se no eletrólito, diminuindo a resistência interna da bateria e facilitando a sua recarga.

A desvantagem deste método é que a frequência de impulsos não pode ser fixa, uma vez que a frequência de ressonância natural da bateria se altera à medida que o processo de regeneração avança. O equipamento de processamento eletrónico deve, portanto, ser capaz de identificar a frequência de ressonância natural da bateria a ser tratada em qualquer momento e ajustar as frequências de impulsos em conformidade, daí o interesse nos mais recentes regeneradores BAP.

3.2.2.1. A eficiência do processo elétrico

A eficácia deste processo foi verificada, aprovada e validada após várias investigações, melhoramentos, correcções e pedidos de patentes acompanhados por profissionais e fabricantes de equipamentos de regeneração eléctrica. Todos estes estudos provaram a possibilidade de prolongar significativamente a vida útil das baterias às quais estes aparelhos estão ligados. Entre eles, contam-se os trabalhos de :

> Lam et al [33]que demonstraram a vantagem de uma carga de corrente pulsada da ordem dos 8 A em relação à carga convencional de corrente invariável da ordem dos 0,75 A (1995);

> Minami et al [34]concluiu, com base nas suas experiências com baterias de arranque de veículos de 28 Ah, que o carregamento por impulsos aumentou o tempo de descarga possível das suas baterias (2004);

> Yan Zhang et al [35]que demonstraram o desempenho de um regenerador de corrente de impulso elevado no qual um BAP é descarregado e depois recarregado com uma corrente de impulso elevado da ordem de 5 a 10 C, ou seja, 250 a 500 A (2008);

> Mathew et al [36], que relatam a dessulfatação de BAPs utilizando um regenerador de corrente de dessulfatação que compreende um padrão de repetição que inclui um impulso ON de cerca de 0,75 ms seguido de um período OFF de cerca de 4,5 ms, que pode ser aplicado à bateria com uma amperagem de pico ajustável pelo operador de cerca de 0-350 amperes (2010) ;

> ADEME [13]No seu relatório sobre a dessulfatação, dezassete (17) profissionais do sector confirmam que utilizam o processo elétrico devido à sua eficácia (2011);

> Oumar [37]método e dispositivo para diagnosticar a capacidade de regeneração de uma bateria (2015);

> Jamratnaw [11]A dessulfatação de um BAP usando pulsos de alta frequência (2017);

> Ibrahim et al [38], que restaurou a capacidade de um BAP industrial inundado de um empilhador (840 Ah, 36 V) de 68% para 99% utilizando um dessulfatador de alta frequência de impulsos produzindo uma corrente contínua (DC) máxima de 500 A e calor instantâneo de 27° C a 48° C para dissolver o PbSO4 nas placas (2020) ;

➢ Ohajianya et al [39]Para apoiar os pedidos de patentes americanas de certos jogadores, dessulfatou quatro BAP de válvula gelificada de 100 Ah com um regenerador de alta frequência de impulsos. Em conclusão, a sua experiência permitiu-lhe compreender que os melhores regeneradores são aqueles que são carregadores e que incorporam o mecanismo de prevenção da sobrecarga (que são, portanto, capazes de identificar a frequência de ressonância natural da bateria em qualquer altura) do que aqueles que não o são e que funcionam com carregadores separados (2021);

➢ Marly Diallo [40]CEO da BRT Energy (especialista na regeneração do BAPU na Nigéria, Gana, Ruanda e Etiópia), numa entrevista à BBC Afrique, confirma que o processo elétrico será utilizado para regenerar o BAPU (2021);

➢ Bateria mais [41]Na sua base de dados, a Batterie Plus (um fornecedor de máquinas e serviços de regeneração BAPU) enumera mais de trezentos e cinquenta (350) máquinas de regeneração eléctrica vendidas e instaladas em todo o mundo, incluindo algumas em África (Costa do Marfim, Senegal, Burkina Faso, Chade, etc. .....).

3.2.2.2.   Diagrama do processo elétrico

O tratamento efectua-se essencialmente por ligação a um regenerador. De acordo com os profissionais, pode ser utilizado o seguinte sistema.

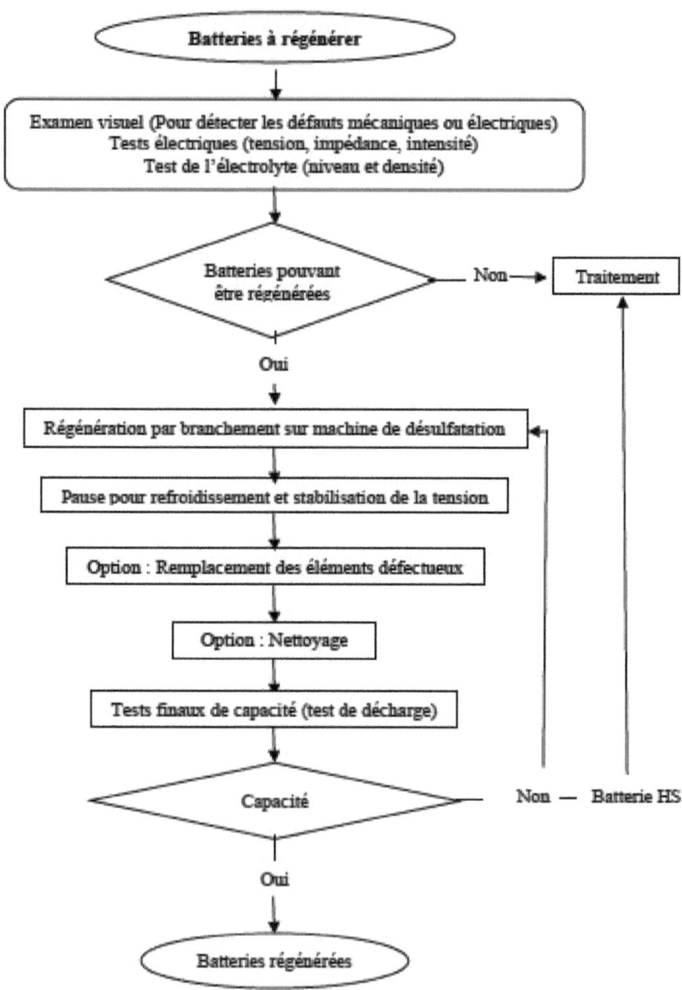

Figura *3.4*: Diagrama de fluxo do processo elétrico típico para a regeneração de baterias [13]

As fases de preparação são idênticas às do processo químico e, uma vez concluída esta preparação, a pilha pode ser dessulfatada.

A regeneração é desencadeada pela aplicação de impulsos eléctricos. A intensidade destes impulsos varia de um jogador para outro: os mais comuns são os impulsos fortes (120-300 A), enquanto outros utilizam impulsos fracos (8 A).

Após a dessulfatação, a bateria é arrefecida e a sua tensão estabilizada. As células danificadas e identificadas são substituídas, caso ainda não o tenham sido. São então efectuadas as verificações finais, incluindo um teste de descarga (para verificar a capacidade da bateria regenerada para baterias industriais), bem como testes de tensão, corrente e nível de eletrólito.

3.2.2.3.   Descrição de uma instalação de regeneração eléctrica

A instalação eléctrica de regeneração é descrita no quadro 3.2 abaixo. Trata-se de uma descrição completa desde a receção das BAP até à conclusão da sua regeneração, tendo em conta as diferentes etapas e os equipamentos utilizados.

Tabela *3.3*: Características de uma instalação de regeneração eléctrica

Critérios de elegibilidade para a regeneração	
Sem danos mecânicos	
Tensão satisfatória	
Nível e densidade dos electrólitos satisfatórios	
Idade (não demasiado velha) e capacidade (não demasiado baixa)	
Tipos de pilhas em causa	
Todos os tipos de BAP (abertos e selados)	Arranque, tração e imobilização
Diferentes fases e equipamentos utilizados	
Preparação	Multímetro, voltímetro, amperímetro, medidor de impedância, densitómetro, verificador de descargas, verificador de corrente específica de arranque, termómetro
Dessulfatação	Regenerador, computador, cabo de ligação
Finalização	Banco de descarga, conectores, multímetro, medidor de impedância, densitómetro, dispositivo de limpeza (opcional)

Especificações técnicas	
Ambiente de trabalho	Área abrigada e ventilada mantida entre 18 e 21° C
Duração do processo	3 horas a 96 horas
Utilização do processo na manutenção preventiva	Possível
Operador	É necessário um operador em cada fase
Critérios de controlo para verificar o êxito	Capacidade da bateria regenerada
Taxa de sucesso	80% a 100% das BAP aceites para regeneração
Duração da utilização da BAP regenerada	A duração da utilização pode ser multiplicada por 2
Capacidade de regeneração	95 a 100% da capacidade do fabricante

3.2.3. Processo de regeneração combinado

Este processo utiliza uma combinação de eletricidade e produtos químicos. Consiste em ligar uma bateria contendo aditivos químicos a um regenerador que emite impulsos eléctricos de frequências variáveis.

Quando o regenerador é capaz de determinar a frequência natural da bateria, a desvantagem deste processo continua a ser a determinação do volume específico de aditivo químico a injetar.

3.2.3.1. A eficiência do processo combinado

A eficácia deste processo foi comprovada por um estudo experimental datado de 2005 e por duas publicações profissionais de 2011 e 2012. São elas, respetivamente, :

> ➤ Ikeda et al [42] no seu trabalho, referiu que num dos seus dessulfatadores de corrente de impulso baixa (cerca de 30 A para uma bateria de 30 AH) a eficiência era mais elevada quando estava ligado a uma bateria cheia de aditivo químico fornecido pela ITE (2005);
> ➤ ADEME [13] no seu relatório sobre a dessulfatação, nove (9) profissionais do sector confirmam que utilizam o processo combinado (2011);
> ➤ Competências GREENKRAFT [16] (profissionais de regeneração da BAP), na sua publicação prática, confirma que o processo combinado é igualmente comprovadamente eficaz (2012).

3.2.3.2.   Diagrama de processo combinado

O processo envolve duas ou mesmo três fases, consoante o leitor: injeção do aditivo químico, ligação ao regenerador e ligação de uma caixa eletrónica aos terminais da bateria. Este processo é descrito na figura 3.3.

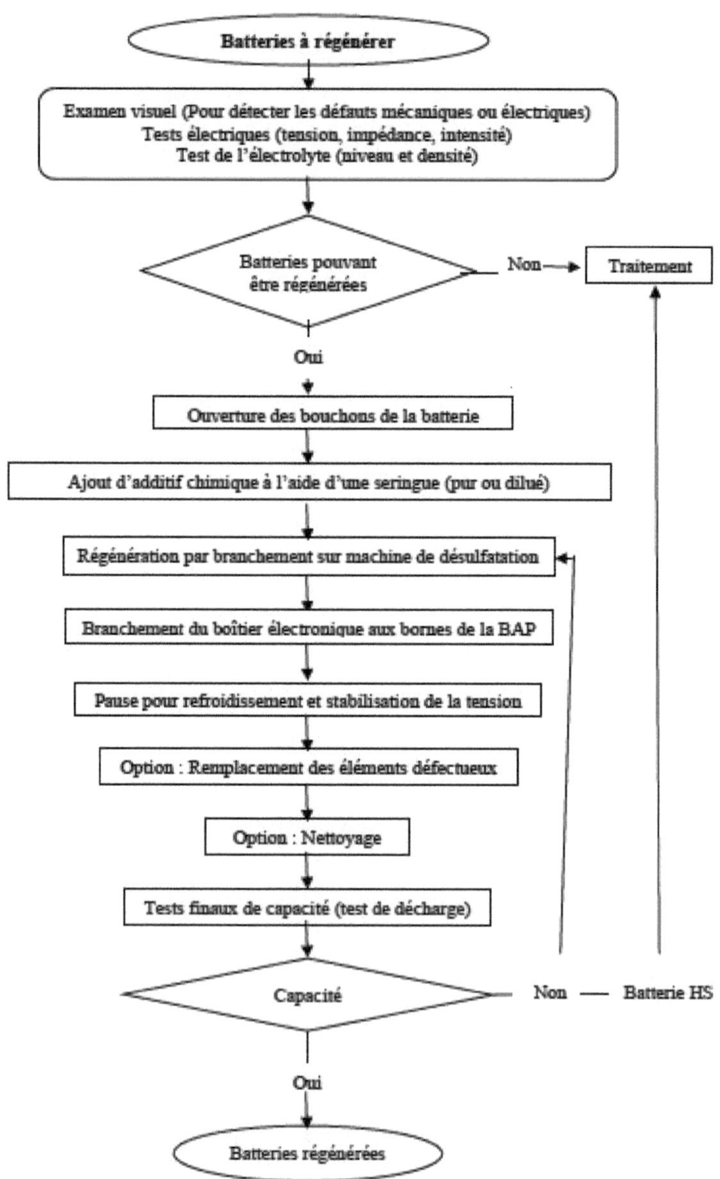

Batteries à régénérer
Examen visuel (Pour détecter les défauts mécaniques ou électriques)
Tests électriques (tension, impédance, intensité)
Test de l'électrolyte (niveau et densité)
Batteries pouvant être régénérées
Non
Traitement
Oui
Ouverture des bouchons de la batterie
Ajout d'additif chimique à l'aide d'une seringue (pur ou dilué)
Régénération par branchement sur machine de désulfatation
Branchement du boîtier électronique aux bornes de la BAP
Pause pour refroidissement et stabilisation de la tension
Option : Remplacement des éléments défectueux
Option : Nettoyage
Tests finaux de capacité (test de décharge)
Capacité
Non
Batterie HS
Oui
Batteries régénérées

Figura 3.5: Diagrama de blocos típico do processo combinado de regeneração de baterias [13]

As diferentes fases de preparação são idênticas aos processos químicos e eléctricos: exame visual, limpeza, depois testes eléctricos e teste de densidade do eletrólito (consoante o tipo de pilha).

A particularidade deste processo combinado é o facto de permitir a dessulfatação em duas ou mesmo três fases (consoante o fabricante). Em primeiro lugar, é injetado um aditivo químico na bateria. Por vezes, é adicionada água destilada e/ou eletrólito após a abertura das tampas da bateria. Em segundo lugar, a bateria é ligada a uma máquina de dessulfatação. Em terceiro lugar, alguns fabricantes ligam uma caixa eletrónica aos terminais da bateria, que envia impulsos eléctricos permanentes. Para os profissionais que a utilizam, esta caixa é parte integrante do processo de dessulfatação.

Após um período de arrefecimento, são efectuados testes idênticos aos testes iniciais no final do processo. Um teste de descarga é efectuado por rotina para as baterias industriais.

3.2.3.3.   Descrição de uma instalação de regeneração que utiliza o processo combinado

A instalação típica para este processo é descrita no quadro 3.4 abaixo.

Quadro *3.4*: Características de uma central de regeneração combinada

Critérios de elegibilidade da BAP para a regeneração	
Sem danos mecânicos	
Tensão satisfatória	
Nível e densidade dos electrólitos satisfatórios	
Idade (não demasiado velha) e capacidade (não demasiado baixa)	
Tipos de pilhas em causa	
Todos os tipos de BAP (maioritariamente abertas)	Arranque, tração e imobilização
Diferentes fases e equipamentos utilizados	
Preparação	Multímetro, voltímetro, amperímetro, medidor de impedância, densitómetro, verificador de descargas, verificador de corrente específica de arranque, termómetro

Dessulfatação	Aditivo químico, regenerador, computador, cabo de ligação, caixa eletrónica (opcional)
Finalização	Banco de descarga, conectores, multímetro, medidor de impedância, densitómetro, dispositivo de limpeza (opcional)
Especificações técnicas	
Ambiente de trabalho	Área abrigada e ventilada mantida entre 18 e 21° C
Duração do processo	4 horas a 48 horas
Utilização do processo na manutenção preventiva	Possível
Operador	É necessário um operador em cada fase
Critérios de controlo para verificar o êxito	Capacidade da bateria regenerada
Taxa de sucesso	80% a 95% das BAP aceites para regeneração
Duração da utilização da BAP regenerada	A duração da utilização pode ser multiplicada por 2
Capacidade de regeneração	90% a 100% da capacidade do fabricante

3.3. ANÁLISE COMPARATIVA DE DIFERENTES PROCESSOS DE REGENERAÇÃO

3.3.1. Análise técnica dos processos de regeneração

Quadro *3.5*: Comparação técnica dos processos

Especificações técnicas	Processo químico	Processo elétrico	Processo combinado
Tipos de pilhas	Aberta (arranque, tração e estacionária)	Aberto e selado (arranque, tração e estacionário)	Aberto e selado (arranque, tração e estacionário)
Utilização do processo na manutenção preventiva	Sim	Sim	Sim
Duração do processo	Dessulfatação: algumas horas Resultados da regeneração: Após vários dias	Dessulfatação: Três horas a quatro dias, consoante o tipo de pilha e o seu estado inicial Resultados da regeneração: Após vários ciclos de carga e descarga	Dessulfatação: quatro horas a dois dias, consoante o tipo de pilha Resultados: Após várias semanas de utilização da pilha dessulfatada
Taxa de sucesso da regeneração	70 à 90 %	80 à 100 %	80 à 95 %

Critérios de verificação do êxito da regeneração	Capacidade da bateria regenerada	Capacidade da bateria regenerada	Capacidade da bateria regenerada
Vida útil	Pode ser multiplicado por 1,5	Pode ser multiplicado por 1,75	Pode ser multiplicado por 1,75
Capacidade de regeneração	85% a 95% da capacidade do fabricante	95% a 100% da capacidade do fabricante	90% a 100% da capacidade do fabricante

Os três processos identificados são capazes de dessulfatar todos os tipos de baterias de chumbo: de arranque, de tração e estacionárias. No caso das baterias de chumbo-ácido, é de notar que os processos químicos só podem dessulfatar baterias abertas, ou seja, as que têm um eletrólito líquido. Uma vez que o aditivo químico se encontra normalmente na forma líquida (ou em pó solúvel), é tecnicamente mais fácil injectá-lo na bateria se o seu eletrólito também for líquido.

Os três processos são relativamente semelhantes no que respeita às fases de preparação e de finalização. As fases de dessulfatação dependem do tipo de processo utilizado.

As próprias fases de dessulfatação diferem consoante o processo.

O processo químico envolve a injeção de um produto químico (em forma líquida, em pó ou em cápsulas) na bateria para a dessulfatar. O processo elétrico consiste em aplicar correntes de curta duração aos terminais da bateria. O processo combinado combina estes dois métodos. Neste caso, o aditivo químico pode ser adicionado antes ou depois do processo de dessulfatação eléctrica, consoante os intervenientes.

3.3.2. Análise ambiental dos processos de regeneração

Esta análise baseia-se nos diferentes fluxos ligados aos diferentes processos de regeneração. Os principais fluxos ligados à execução dos processos identificados durante este estudo são de quatro tipos:

- ➢ Fluxos de entrada :
  - Consumo de energia ;
  - Consumo de matérias-primas.
- ➢ Fluxos de saída :

- Resíduos produzidos ;
- Emissões para o ar e/ou para a água.

O quadro 3.6 apresenta a natureza dos fluxos de entrada e de saída para cada um dos processos.

Quadro *3.6*: Balanço ambiental dos processos

Equipamento relacionado	Processo químico	Processo elétrico	Processo combinado
Fluxos de entrada			
Energia	Não há consumo de eletricidade diretamente ligado ao processo.	Dependendo do tipo de bateria e do número de ciclos de carga-descarga	Dependendo do tipo de bateria e do número de ciclos de carga-descarga (reduzido em comparação com o processo elétrico)
Matérias-primas	- Aditivos químicos à base de polímeros orgânicos, EDTA, peróxido de hidrogénio ou outros compostos, composições confidenciais (33 ml por bateria a 60 ml por 100 Ah) - Eletrólito para nivelamento	- Componentes e materiais necessários para o fabrico de equipamentos de dessulfuração	- Aditivos químicos à base de polímeros orgânicos, EDTA, peróxido de hidrogénio, ácido fosfórico ou outros compostos, composições confidenciais (33 ml por bateria a 60 ml por 100 Ah) - Eletrólito para atualização ou substituição - Componentes e materiais necessários para o fabrico de equipamentos de dessulfuração

			- Componentes e materiais necessários para o fabrico de caixas electrónicas
Fluxos de saída			
Resíduos produzidos	- Pilhas que não podem ser dessulfatadas - Resíduos associados ao fabrico e armazenamento do aditivo (contentores)	- Células da bateria substituídas - Pilhas que não podem ser dessulfatadas	- Células da bateria substituídas - Pilhas que não podem ser dessulfatadas - Resíduos associados ao fabrico e armazenamento do aditivo (contentores)
Emissões para a água e/ou ar	Informação não disponível	Libertação de ácido	Libertação de hidrogénio

Os principais parâmetros que influenciam o consumo de energia são a potência da máquina e a duração da dessulfatação.

As matérias-primas e as suas quantidades dependem muito do tipo de processo utilizado. Os processos com uma componente química requerem matérias-primas químicas que não estão presentes noutros tipos de processos.

Quanto aos processos eléctricos, utilizam como matéria-prima componentes eléctricos e electrónicos, cuja composição exacta também é desconhecida e depende da instalação.

Os principais produtos residuais da dessulfatação são células de bateria ou baterias inteiras, que estavam defeituosas no início ou que não resistiram à dessulfatação.

Além disso, para os processos que utilizam um aditivo químico, os contentores vazios (latas) são resíduos. Para os operadores que fabricam os seus próprios aditivos, os resíduos relacionados com o fabrico (compostos químicos, recipientes para estes compostos) podem também ser adicionados ao balanço ambiental da dessulfatação.

As emissões para a atmosfera (ou para a água) que estariam ligadas ao processo de dessulfatação são essencialmente emanações ligadas ao funcionamento e à manutenção das baterias de chumbo (ácido, hidrogénio), ou emissões ligadas ao eventual transporte das baterias.

3.3.3. Análise económica dos processos de regeneração

A este nível, é difícil fazer uma comparação económica dos processos, pois as variações de custos não parecem estar ligadas aos processos, mas sim aos modelos de organização dos intervenientes e aos preços das máquinas de dessulfuração que utilizam. No que se refere à prestação de serviços, o custo de instalação de uma estação de regeneração média pode ser estimado entre 25 000 e 100 000 euros (montante ligado unicamente à aquisição de máquinas e equipamentos de regeneração) [13].

O preço dos serviços de regeneração é o mesmo para todos os intervenientes e processos: 30% a 60% do preço de uma bateria nova para as baterias industriais, 50% do preço de uma bateria nova para as baterias de arranque, etc. [13].

No que respeita à rentabilidade dos processos, não foi possível obter os custos de produção dos intervenientes na regeneração. No entanto, o desenvolvimento dos serviços de dessulfuração, tanto em rede como de forma autónoma, parece indicar a existência de um mercado para esta atividade. O capítulo 4 seguinte fornecer-nos-á estes indicadores de rentabilidade em função das nossas escolhas técnicas, do nosso modelo de organização, das nossas hipóteses e do nosso contexto de estudo.

CONCLUSÃO

Este estudo demonstrou que os três processos identificados são capazes de dessulfatar e regenerar todos os tipos de BAP, ou seja, de arranque, de tração e estacionárias.
O processo elétrico é capaz de tratar todos os tipos de BAP abertos e selados sem qualquer complexidade. Os processos químicos são mais frequentemente utilizados em baterias abertas, mas para as baterias seladas envolvem a perfuração de um orifício no lado de cada célula ao nível habitual do eletrólito, a sua perfuração e, em seguida, após o tratamento, a sua selagem com um parafuso de nylon.

Os três processos são relativamente semelhantes no que respeita às fases de preparação e de finalização. As fases de dessulfatação para a regeneração dependem do tipo de processo utilizado, o que caracterizará a instalação para a realização do processo em causa.

<u>**CAPÍTULO 4: PROJECTO DE UMA INSTALAÇÃO DE REGENERAÇÃO DE BATERIAS DE CHUMBO-ÁCIDO USADAS NO BENIM**</u>

<u>**INTRODUÇÃO**</u>

Na sequência do estudo técnico efectuado, é necessária uma escolha técnica de certos equipamentos característicos da instalação e um estudo dos custos gerados pelo projeto de instalação da central de regeneração da BAPU no Benim, bem como um estudo de impacto ambiental, a fim de avaliar os montantes e prever os riscos que a instalação desta central poderá gerar.

4.1. OPÇÕES TÉCNICAS

Trata-se aqui de especificar e/ou argumentar de forma breve a escolha dos elementos característicos mais importantes da instalação relacionados com a atividade de regeneração da BAPU. Estes incluem a escolha de :

- ➢ Localização da unidade ;
- ➢ Processo de regeneração a realizar ;
- ➢ Fornecedor de equipamento de regeneração ;
- ➢ Tipo de BAPU a regenerar ;
- ➢ Preço dos serviços de regeneração ;

4.1.1. **Localização**

Será escolhido um local numa zona rural para estar mais próximo das instalações solares, que se encontram geralmente em zonas isoladas.

4.1.2. **Processo de regeneração a instalar**

O processo de regeneração a utilizar é o processo elétrico devido à sua eficiência, à sua taxa de sucesso, ao seu menor impacto no ambiente, aos seus custos de mão de obra mais baixos, especialmente porque pode regenerar todos os tipos de baterias, incluindo as mais comuns no nosso contexto, e ao seu maior número de testemunhos de prestadores de serviços no terreno do que os processos químicos e combinados.

4.1.3. Fornecedor de material de regeneração

Com base nas características dos regeneradores descritos na literatura e dos regeneradores disponíveis no mercado, escolhemos o regenerador **BRT MAXI GOLD**, o regenerador mais potente da gama de regeneradores **BATTERIE PLUS**. Para além disso, a sua eficácia foi verificada desde 2005 [43] pelo Laboratoire Central des Industries Electriques do Bureau de Veritas em França.

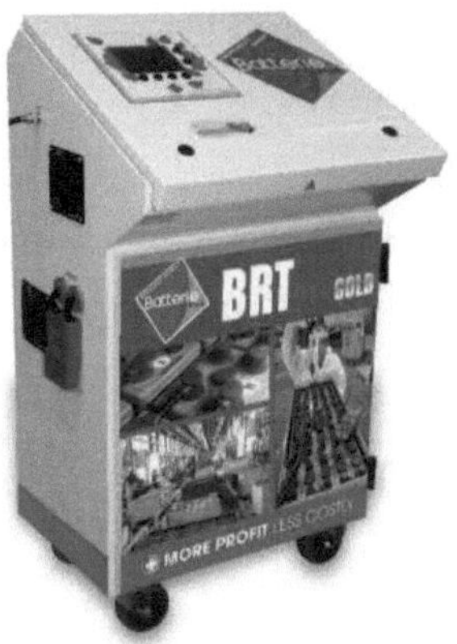

Figura 4.1: Regenerador BRT MAXI GOLD

4.1.4. Tipo de BAPU a regenerar

Devido às suas principais utilizações nas instalações solares acima referidas, as BAPU a regenerar são tecnicamente as seguintes

- ➤ Baterias **de gel 12 V / 150 Ah** ;
- ➤ Baterias **OPzV 2 V / 2000 Ah**.

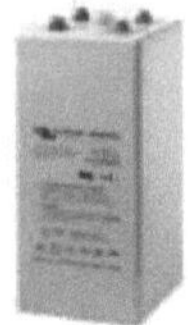

12V Batterie Gel   **2V OPzV (gel)**

Figura *4.2*: Tipo de baterias em causa

4.1.5. Preço dos serviços de regeneração

De acordo com os profissionais da regeneração, o preço do serviço varia entre 30% e 60%. [13] do preço de uma bateria nova. O nosso serviço de regeneração custará 35% do preço de uma bateria nova do mesmo tipo, tendo em conta a pobreza do país.

4.2. ANÁLISE FINANCEIRA

Nesta avaliação, foram tidos em conta vários pressupostos e parâmetros. As avaliações foram efectuadas com base num período de funcionamento de 5 anos.

4.2.1 Apresentação do plano de actividades

4.2.1.1. Objectivos

> - Criação de uma cadeia de regeneração para as **20 000 BAPU** quantificadas no Benim (**15 000 géis de 12 V / 150 Ah e 5 000 OPzV 2 V / 2 000 Ah**);
> - Fornecer ao Governo do Benim baterias regeneradas a um preço fixo de 35% do preço de uma bateria nova;
> - Fornecer **3.000 Gel 12 V / 150 Ah e 1.000 OPzV 2 V / 2.000 Ah** no primeiro ano e, posteriormente, de 5 em 5 anos.
> - Adaptar a capacidade de serviço anual de acordo com a abordagem proposta para tratar todas as 20 000 BAPU durante 5 anos.

4.2.1.2. Principais fases do projeto

As principais fases do projeto são apresentadas no quadro 4.1 infra.

Quadro 4.1: Principais fases do projeto

Fases	Duração
Procedimentos administrativos	3 meses
Encomenda e receção de equipamentos	3 meses
• Instalação do sistema • Testes e colocação em funcionamento • Formação do pessoal técnico	1 mês
Acompanhamento dos projectos (serviços, manutenção, renovação de equipamentos)	15 anos de idade
Desmantelamento	7 Meses + 15 anos

4.2.1.3. Estrutura geral do investimento inicial

O fundo de maneio inicial necessário para o projeto é de **148 456 504 francos CFA (excluindo IVA)**. O investimento inicial ascende a **336.452.504 francos CFA (excluindo IVA)**. A estrutura geral do investimento é apresentada no quadro 4.2 infra

Quadro 4.2: Estrutura geral do investimento inicial

Designação	Quantidade	Custo por unidade	Montante (francos CFA)
Despesas de formação			
Custos de investigação; registo de patentes e de marcas		8 000 000	
Custos de publicidade e de lançamento		3 000 000	
Subtotal 1			-
Terreno			
Terreno	1	15 000 000	15 000 000
Construção	1	20 000 000	20 000 000
Sede social	1	110 000 000	
Títulos de propriedade (taxas)	1	2 000 000	
Actos notariais	1	2 500 000	
Despesas diversas	1	3 000 000	
Subtotal 2			**35 000 000**
Instalações técnicas e acessórios			

Designação	Quantidade	Custo por unidade	Montante (francos CFA)
Oficina completa	1	93 796 000	93 796 000
Empilhadores usados	1	3 210 000	3 210 000
Equipamentos auxiliares diversos	1	7 350 000	7 350 000
Estantes/armazéns/caixotes	1	4 590 000	4 590 000
Lojas	2	5 000 000	
Administração	1	5 000 000	
Pátio interior	1	10 000 000	
Segurança contra incêndios	1	2 500 000	2 500 000
Perfuração de água	1	3 000 000	
Instalação fotovoltaica	1	250 000 000	
Subtotal 3			**111 446 000**
Software			-
Software de contabilidade, vendas, salários e gestão de activos	1	1 000 000	1 000 000
Subtotal 4			**1 000 000**
Equipamentos e ferramentas técnicas			
Grupo gerador	1	-	
Subtotal 5			
Equipamento informático			
Computadores	10	400 000	4 000 000
Impressora laser	2	275 000	550 000
Mobiliário	4	500 000	2 000 000
Fotocopiadora	2	500 000	1 000 000
Subtotal 6			**7 550 000**
Material de transporte			
7 T carrinha de entregas	1	8 000 000	8 000 000
Veículo de ligação (4*4)	1	10 000 000	10 000 000
Subtotal 7			**18 000 000**
Necessidade de fundo de maneio (NFM)			148 456 504
Subtotal 8			**148 456 504**
Investimento total			**336 452 504**

4.2.1.4.   Estratégia de financiamento

O investimento será de 34% de capital próprio e 66% externo. Os bancos, organizações como o Banco Africano de Desenvolvimento (BAD), o Banco Mundial ou outros bancos de investimento, ou mesmo organizações independentes e indivíduos que desejem contribuir para este projeto, podem ser considerados doadores externos. A estratégia de financiamento para este projeto é apresentada no quadro 4.3 abaixo.

Quadro 4.3: Estratégia de financiamento

EMPREGO	MONTANTE	%	RECURSOS	MONTANTE	%
Activos fixos	187 996 000	56%	Capital próprio dos accionistas	114 050 000	34%
			Subvenção	0	0%
WCR	148 456 504	44%	Empréstimo bancário	222 402 504	66%
Total	336 452 504	100%		336 452 504	100%

4.2.1.5.   Pressupostos de desempenho

Este projeto permitirá a regeneração de 20 000 BAPU em 5 anos. Dado que o serviço é prestado a 35% do preço de uma bateria nova, o preço do serviço, a quantidade de serviço e o volume de negócios a realizar em cada ano são apresentados nos quadros 4.4, 4.5 e 4.6 abaixo.

Quadro 4.4: Preços dos serviços de regeneração

Designação / Baterias	Preço unitário de uma bateria nova F CFA	Tarifas	Preço unitário da regeneração FCFA
12 V / 150 Ah	175 000	0,35	61 250
2 V / 2000 Ah	720 500	0,35	252 175

Quadro 4.5: Quantidade de serviços a prestar durante 5 anos

Designação	Ano 1	Ano 2	Ano 3	Ano 4	Ano 5	Total
12 V / 150 Ah	3000	3000	3000	3000	3000	15000
2 V / 2000 Ah	1000	1000	1000	1000	1000	5000

Quadro 4.6: Estimativas de vendas

Designação	Ano 1	Ano 2	Ano 3	Ano 4	Ano 5
12 V / 200 Ah	183 750 000	183 750 000	183 750 000	183 750 000	183 750 000
2 V / 2000 Ah	252 175 000	252 175 000	252 175 000	252 175 000	252 175 000
Vendas (FCFA)	**435 925 000**	**435 925 000**	**435 925 000**	**435 925 000**	**435 925 000**

4.2.1.6.   Indicadores financeiros de rendibilidade

Utilizando uma taxa de desconto de 12%, o quadro 4.7 abaixo apresenta os valores-chave e os indicadores financeiros para a rentabilidade do nosso projeto.

O quadro mostra que o projeto é altamente rentável durante um período de 5 anos. O estudo de rendibilidade a 5 anos apresenta os seguintes indicadores financeiros:

- Um **valor atual líquido (VAL) de 475 426 769 francos CFA;**
- Um **índice de rendibilidade de cerca de 2,41** ;
- Um **período de retorno do investimento de 1 ano 11 meses 11 dias;**
- Uma **taxa interna de rendibilidade (TIR) de 44%.**

Quadro 4.7 Indicadores financeiros da rentabilidade do projeto

	AN 0	AN 1	AN 2	AN 3	AN 4	AN 5
RENDIMENTO LÍQUIDO		173 427 561	235 445 487	228 289 058	219 727 807	209 482 809
DEPRECIAÇÃO E AMORTIZAÇÃO		28 199 200	64 747 509	62 779 491	60 425 147	57 607 773
CAF		**201 626 761**	**300 192 996**	**291 068 549**	**280 152 954**	**267 090 582**
VAR WCR	148 456 504	- 52 263 600	153 268 804	- 46 493 565	160 187 885	-
INVESTIMENTOS	187 996 000					
Subvenção						
Total de investimentos	**336 452 504**	**- 52 263 600**	**153 268 804**	**- 46 493 565**	**160 187 885**	**-**
Fluxo de caixa líquido	- 336 452 504	253 890 361	146 924 192	337 562 114	119 965 069	267 090 582
Taxa de atualização (12%)	1,000	0,893	0,797	0,712	0,636	0,567
FNT ACT	**- 336 452 504**	**226 687 823**	**117 127 066**	**240 270 045**	**76 239 970**	**151 554 369**
ACTO CUMULATIVO FNT	**- 336 452 504**	**- 109 764 681**	**7 362 385**	**247 632 430**	**323 872 400**	**475 426 769**
FURGÃO	**475 426 769**					
IP	**2,413057603**					
DRCI	**1 ano 11 meses 11 dias**		706			
ATIRAR	**44%**					

4.2.2. Quadros de síntese do plano de actividades

4.2.2.1.Investimento e financiamento

Trata-se dos custos incorridos com a aquisição de equipamento e de material e com a construção de infra-estruturas. Os preços do equipamento e da maquinaria de processamento foram indicados pelos fornecedores, tendo sido estimado um montante fixo para o material de escritório. Quanto à construção das infra-estruturas da fábrica, uma vez que não dispúnhamos dos parâmetros necessários para elaborar um orçamento de construção pormenorizado, os custos foram estimados com base em relatórios de estudos e projectos no sector da construção e das obras públicas. Foram então obtidos os preços unitários dos componentes necessários e os montantes totais estimados. Os resultados são apresentados no quadro 4.8.

Quadro 4.8: Investimento e financiamento

Designação	Quantidade	Custo unitário	Montante (francos CFA)
Despesas de formação			
Custos de investigação; registo de patentes e de marcas		8 000 000	
Custos de publicidade e de lançamento		3 000 000	
Subtotal 1			-
Terreno			
Terreno	1	15 000 000	15 000 000
Construção	1	20 000 000	20 000 000
Sede social	1	110 000 000	
Títulos de propriedade (taxas)	1	2 000 000	
Actos notariais	1	2 500 000	
Despesas diversas	1	3 000 000	
Subtotal 2			**35 000 000**
Instalações técnicas e acessórios			
Oficina completa	1	93 796 000	93 796 000
Empilhadores usados	1	3 210 000	3 210 000
Equipamentos auxiliares diversos	1	7 350 000	7 350 000
Estantes/armazéns/caixotes	1	4 590 000	4 590 000
Lojas	2	5 000 000	

Designação	Quantidade	Custo unitário	Montante (francos CFA)
Administração	1	5 000 000	
Pátio interior	1	10 000 000	
Segurança contra incêndios	1	2 500 000	2 500 000
Perfuração de água	1	3 000 000	
Instalação fotovoltaica	1	250 000 000	
Subtotal 3			**111 446 000**
Software			-
Software de contabilidade, vendas, salários e gestão de activos	1	1 000 000	1 000 000
Subtotal 4			**1 000 000**
Equipamentos e ferramentas técnicas			
Grupo gerador	1	-	
Subtotal 5			
Equipamento informático			
Computadores	10	400 000	4 000 000
Impressora laser	2	275 000	550 000
Mobiliário	4	500 000	2 000 000
Fotocopiadora	2	500 000	1 000 000
Subtotal 6			**7 550 000**
Material de transporte			
7 T carrinha de entregas	1	8 000 000	8 000 000
Veículo de ligação (4*4)	1	10 000 000	10 000 000
Subtotal 7			**18 000 000**
Necessidade de fundo de maneio (NFM)			148 456 504
Subtotal 8			**148 456 504**
Investimento total			**336 452 504**

4.2.2.2.Despesas de funcionamento

Têm em conta o preço de compra das matérias-primas, os custos de pessoal, os impostos, a manutenção, as comunicações, os seguros, a água e a eletricidade e, se for caso disso, o aluguer de prestadores de serviços.

Os custos com o pessoal foram calculados com base nos salários recebidos por cada membro, de acordo com a sua posição, aos quais foi aplicada a percentagem atribuída aos encargos sociais. Para além disso, foi aplicada uma taxa suplementar aos salários dos trabalhadores. Esta taxa corresponde a uma margem em relação a eventuais aumentos salariais, bónus e prémios que possam ser atribuídos aos trabalhadores. Esta taxa foi fixada numa média de 23% do salário anual. [3]As despesas com consumíveis (água e eletricidade) foram calculadas com base nos consumos estimados pelos fornecedores em função do número de máquinas instaladas e nos custos fixos da SONEB a 750 FCFA por m (incluindo impostos) e da SBEE a 185 FCFA por KWh. Os resultados são apresentados no quadro 4.9.

Quadro 4.9: Despesas de funcionamento

COMPRAS	AN1	AN 2	AN 3	AN 4	AN 5
Equipamento técnico	93 796 000	-	-	-	-
Fornecimentos e consumíveis	6 960 000	7 140 000	7 338 000	7 555 800	7 795 380
Serviços externos	1 200 000	1 260 000	1 323 000	1 389 150	1 458 608
Custos de telecomunicações	1 200 000	1 260 000	1 323 000	1 389 150	1 458 608
Encargos bancários	198 240	208 152	218 560	229 488	240 962
Encargos bancários	198 240	208 152	218 560	229 488	240 962
Custos de pessoal	49 003 200	58 803 840	70 564 608	84 677 530	101 613 036
Despesas financeiras	524 200	550 410	577 931	606 827	637 168
Depreciações e amortizações	28 199 200	28 199 200	28 199 200	28 199 200	28 199 200
TOTAL	**172 920 840**	**89 021 602**	**100 883 298**	**115 102 194**	**132 148 973**

4.2.2.3.Depreciação

Este parâmetro define a perda de valor das aquisições efectuadas pela empresa: permite reconhecer contabilisticamente a depreciação de um bem devido ao desgaste, ao tempo ou à obsolescência. Quando um ativo é adquirido por uma empresa, presume-se sempre que é por um período de tempo limitado. Uma vez decorrido este período, a contabilidade da empresa considera que o ativo foi 100% amortizado e que o seu valor contabilístico é, portanto, zero. O cálculo das amortizações é apresentado no quadro 4.10.

Quadro 4.10: Cálculo das amortizações

Designação	Montante	Tarifas	Depreciações e amortizações				
			Ano 1	Ano 2	Ano 3	Ano 4	Ano 5
Despesas de formação		33,33%					
Construção	35 000 000	2,00%	700 000	700 000	700 000	700 000	700 000
Instalações técnicas e acessórios (PV)	111 446 000	20,00%	22 289 200	22 289 200	22 289 200	22 289 200	22 289 200
Software	1 000 000	10,00%	100 000	100 000	100 000	100 000	100 000
Equipamento informático	7 550 000	20,00%	1 510 000	1 510 000	1 510 000	1 510 000	1 510 000
Material de transporte	18 000 000	20,00%	3 600 000	3 600 000	3 600 000	3 600 000	3 600 000
Total			**28 199 200**	**28 199 200**	**28 199 200**	**28 199 200**	**28 199 200**

4.2.2.4.Necessidade de fundo de maneio

Corresponde ao montante de que a unidade necessita para pagar as suas despesas correntes enquanto espera receber o pagamento devido pelos seus clientes. É um fator que revela a autonomia financeira de uma empresa. Corresponde ao total das existências e das contas a receber menos as dívidas a fornecedores.

O WCR é calculado com base em pressupostos que reflectem uma situação que pode tornar-se crítica para a empresa, a fim de saber quanto deve planear. Os pressupostos considerados foram que a empresa teria de cobrir a compra de equipamento e os salários do pessoal durante 6 meses, tendo em conta que o governo lhe deve dois meses de pagamento e que deve aos seus fornecedores 40% do custo total do equipamento. Os resultados são apresentados no quadro 4.11.

Quadro 4.11: Cálculo das necessidades de fundo de maneio Demonstração de resultados previsionais

DESIGNAÇÃO	Hipótese	AN 1	AN 2	AN 3	AN 4	AN 5
Necessidade de financiamento						
Aquisição de equipamento		93 796 000	-	-	-	-
Serviços externos	6 meses	600 000	630 000	661 500	694 575	729 304
Custos de pessoal	6 meses	19 920 000	23 904 000	28 684 800	34 421 760	41 306 112
Créditos comerciais (dias de vendas)	60	71 658 904	71 658 904	71 658 904	71 658 904	71 658 904
Necessidades de financiamento totais		185 974 904	96 192 904	101 005 204	106 775 239	113 694 320
Recursos						
Fornecedores	40% do custo total do equipamento	37 518 400	-	-	-	-
Recursos totais		37 518 400	-	-	-	-
WCR		148 456 504	96 192 904	101 005 204	106 775 239	113 694 320
Variação da WCR		**148 456 504**	**- 52 263 600**	**153 268 804**	**- 46 493 565**	**160 187 885**

4.2.2.5.Conta de ganhos e perdas provisória

A conta de ganhos e perdas mostra todas as receitas e despesas de uma empresa. Ao concentrar-se nos lucros e perdas, mostra o rendimento líquido da empresa (lucro ou perda). O resultado operacional reflecte a rentabilidade económica da empresa. èmeCom base nestas previsões, já é possível esperar gerar lucros a partir do segundo ano de atividade.

Quadro 4.12: Demonstração de resultados provisória

DESIGNAÇÃO	AN 1	AN 2	AN 3	AN 4	AN 5
Números de vendas	**435 925 000**	**435 925 000**	**435 925 000**	**435 925 000**	**435 925 000**
Compras de matérias-primas	93 796 000	-	-	-	-
Margem bruta dos materiais	**342 129 000**	**435 925 000**	**435 925 000**	**435 925 000**	**435 925 000**
Compras de material não armazenável e de consumíveis	6 960 000	7 140 000	7 338 000	7 555 800	7 795 380
Serviços externos	1 398 240	1 468 152	1 541 560	1 618 638	1 699 569
Impostos	198 240	208 152	218 560	229 488	240 962
Valor acrescentado	**333 572 520**	**427 108 696**	**426 826 881**	**426 521 075**	**426 189 089**
Custos de pessoal	39 840 000	47 808 000	57 369 600	68 843 520	82 612 224
Resultado bruto de exploração (EBITDA)	**293 732 520**	**379 300 696**	**369 457 281**	**357 677 555**	**343 576 865**
Depreciações e amortizações	28 199 200	28 199 200	28 199 200	28 199 200	28 199 200
Resultado operacional	**265 533 320**	**351 101 496**	**341 258 081**	**329 478 355**	**315 377 665**
Despesas financeiras	26 322 890	26 349 100	26 376 621	26 405 518	26 435 859
Lucro antes de impostos	**239 210 430**	**324 752 396**	**314 881 460**	**303 072 837**	**288 941 806**
Imposto sobre o rendimento	65 782 868	89 306 909	86 592 401	83 345 030	79 458 997
Resultado líquido	**173 427 561**	**235 445 487**	**228 289 058**	**219 727 807**	**209 482 809**
Depreciações e amortizações	28 199 200	28 199 200	28 199 200	28 199 200	28 199 200
Capacidade de financiamento	**201 626 761**	**263 644 687**	**256 488 258**	**247 927 007**	**237 682 009**

4.2.2.6.Orçamento do fluxo de caixa

O orçamento de tesouraria é utilizado para analisar a atividade da empresa de um ponto de vista puramente bancário, a fim de evidenciar a situação líquida de tesouraria da empresa. É constituído por entradas e saídas de caixa. As entradas de caixa são os montantes que a empresa deverá receber durante o período de previsão, neste caso as vendas. Os desembolsos são os montantes que a empresa pagará durante o período de previsão, ou seja, as despesas e os reembolsos anuais aos investidores externos.

Quadro 4.13: Orçamento dos fluxos de tesouraria

DESIGNAÇÃO	AN 1	AN 2	AN 3	AN 4	AN 5
Colecções					
Vendas com IVA	514 391 500	514 391 500	514 391 500	514 391 500	514 391 500
Capital próprio dos accionistas	114 050 000				
Empréstimo bancário	222 402 504				
Total das receitas	**850 844 004**	**514 391 500**	**514 391 500**	**514 391 500**	**514 391 500**
Desembolso					
Aquisição de materiais	110 679 280	-	-	-	-
Despesas gerais	8 358 240	8 608 152	8 879 560	9 174 438	9 494 949
Investimentos	187 996 000				
Impostos + encargos financeiros	722 440	758 562	796 490	836 315	878 130
Custos de pessoal	49 003 200	58 803 840	70 564 608	84 677 530	101 613 036
Reembolso		48 038 941	48 038 941	48 038 941	48 038 941
Total de desembolsos	**356 759 160**	**116 209 495**	**128 279 599**	**142 727 223**	**160 025 056**
SALDO DE CAIXA	**494 084 844**	**398 182 005**	**386 111 901**	**371 664 277**	**354 366 444**
SITUAÇÃO FINAL DE TESOURARIA	**494 084 844**	**892 266 849**	**1 278 378 751**	**1 650 043 028**	**2 004 409 472**

4.2.2.7.Taxa de rendibilidade

Estas taxas são: rentabilidade global da empresa, rentabilidade económica e rentabilidade financeira.

O primeiro valor mede a capacidade global da empresa, o segundo mede a capacidade da empresa para gerar lucros a partir do capital investido e o terceiro mede a capacidade da empresa para remunerar os sócios:

- ➤ A primeira taxa corresponde ao rácio entre o resultado líquido de exploração e as vendas;

- ➤ O segundo é o rácio entre os resultados de exploração e os capitais utilizados (activos fixos + NFM);

- ➤ A terceira taxa corresponde ao rácio entre os resultados de exploração e os capitais próprios.

Quadro 4.14: Taxas de rendimento

DESIGNAÇÃO	AN 1	AN 2	AN 3	AN 4	AN 5
Rendibilidade global (lucro/vendas)	39,78 %	54,01%	52,37%	50,40%	48,05%
Retorno do investimento (ROI)	82,60 %	109,22 %	106,16 %	102,50 %	98,11%
Rendibilidade líquida (ROE)	152%	206%	200%	193%	184%

4.2.2.8.Indicadores de rendibilidade financeira: critérios de seleção do investimento

Quadro 4.15: Indicadores de rendibilidade financeira: Critérios de escolha do investimento

	AN 0	AN 1	AN 2	AN 3	AN 4	AN 5
RENDIMENTO LÍQUIDO		173 427 561	235 445 487	228 289 058	219 727 807	209 482 809
DEPRECIAÇÃO E AMORTIZAÇÃO		28 199 200	64 747 509	62 779 491	60 425 147	57 607 773

CAF		**201 626 761**	**300 192 996**	**291 068 549**	**280 152 954**	**267 090 582**
VAR WCR	148 456 504	- 52 263 600	153 268 804	- 46 493 565	160 187 885	-
INVESTIMENTOS	187 996 000					
Subvenção						
Total de investimentos	**336 452 504**	**- 52 263 600**	**153 268 804**	**- 46 493 565**	**160 187 885**	**-**
Fluxo de caixa líquido	- 336 452 504	253 890 361	146 924 192	337 562 114	119 965 069	267 090 582
Taxa de atualização (12%)	1,000	0,893	0,797	0,712	0,636	0,567
FNT ACT	**- 336 452 504**	**226 687 823**	**117 127 066**	**240 270 045**	**76 239 970**	**151 554 369**
ACTO CUMULATIVO FNT	**- 336 452 504**	**- 109 764 681**	**7 362 385**	**247 632 430**	**323 872 400**	**475 426 769**
FURGÃO	**475 426 769**					
IP	**2,413057603**					
DRCI	**1 ano 11 meses 11 dias**		706			
ATIRAR	**44%**					

4.3. AVALIAÇÃO AMBIENTAL DA ACTIVIDADE DE REGENERAÇÃO DE PILHAS DE CHUMBO USADAS

No fundo, não foi possível obter informações sobre os impactos negativos associados à regeneração da BAPU junto de profissionais da área ou de estudos anteriores que se debruçaram sobre este aspeto da regeneração, considerando-a como uma atividade verde. Pensámos, portanto, que seria útil dar uma visão global do impacto ambiental desta atividade no nosso contexto. Trata-se de citar os possíveis impactos e riscos da instalação para a exploração da empresa.

Uma vez que a localização exacta do local ainda não é conhecida, pode dizer-se, de momento, que pode ou não haver efeitos directos sobre a fauna, a flora ou o ambiente humano, embora se deva notar que existem riscos potenciais associados ao funcionamento da BAP.

4.3.1. Riscos potenciais do manuseamento de baterias de chumbo

O manuseamento das BAP apresenta os seguintes riscos potenciais

> ➤ O ácido sulfúrico contido no eletrólito pode provocar queimaduras graves;
> ➤ O chumbo é uma substância tóxica;
> ➤ O hidrogénio e o oxigénio libertados podem ser explosivos;
> ➤ Podem ser geradas correntes eléctricas elevadas, bem como choques eléctricos em caso de curto-circuito.

Todos estes riscos já são tidos em conta nas máquinas, o que torna o processo elétrico ainda mais simples, mais rápido, mais eficiente e mais limpo do que outros processos de regeneração BAPU.

<u>**CONCLUSÃO**</u>

A fim de determinar se a nossa atividade é financeiramente viável, procedemos a um estudo dos custos envolvidos na sua criação. Os principais parâmetros avaliados foram os investimentos, as despesas, as amortizações, as NFM, a conta de ganhos e perdas, o volume de negócios, o orçamento de tesouraria e os indicadores de rentabilidade. ^{ème}Com base nestes diferentes resultados, pode afirmar-se que a unidade de regeneração BAPU é rentável desde o seu terceiro ano de funcionamento. Para além de ser financeiramente rentável, este projeto trará ao Benim um grande valor em termos de criação de emprego, nomeadamente empregos verdes, que são muito bem apoiados pelas organizações e actores do desenvolvimento sustentável. A empresa não só empregará muitas pessoas, como também terá um impacto indireto no mercado de trabalho através das parcerias que poderá formar.

<u>**CONCLUSÃO GERAL**</u>

O objetivo do estudo era determinar a quantidade de BAPU, o melhor processo de regeneração e a rentabilidade financeira da criação de uma fábrica de regeneração de BAPU no Benim.

Para a avaliação das BAPU, baseámo-nos nas realizações do governo do Benim, através de vários projectos (PRODERE, PROVES, etc.), em termos de instalação de postes de iluminação pública e de micro-centrais solares. Com mais de 20.000 postes de iluminação pública e cerca de quatro dezenas de micro-centrais solares já instaladas, e outros projectos em curso, o potencial atual estimado é de **19.132 BAPUs Gel 12 V / 150 Ah e 6.262 BAPUs OPzV 2 V / 2.000 Ah.**

Após um estudo técnico e comparativo, verificou-se que **o processo de regeneração eléctrica** é mais económico, eficiente, gera menos resíduos e é mais respeitador do ambiente do que os processos químicos e combinados. Este facto permitirá a realização de uma instalação praticamente automática e, por conseguinte, mais rápida. No entanto, seria preferível efetuar estudos mais aprofundados para esclarecer melhor a caraterização ambiental dos três processos de regeneração mencionados neste estudo.

Uma vez concluídas estas duas primeiras etapas, foi importante proceder a uma análise financeira do projeto para determinar a sua rentabilidade, que revelou que, com uma duração de exploração de **5 anos**, o custo total do investimento era de **475 426 769 FCFA e o** retorno do investimento de **1 ano 11 meses 11 dias.**

Este estudo financeiro foi realizado com o objetivo de poder regenerar as baterias em todo o Benim, mas também para poder alargar, a longo prazo, a atividade de regeneração das BAPU à sub-região da África Ocidental, onde atualmente existem apenas algumas.

É de notar que a regeneração da bateria é sobretudo :

➤ Uma alternativa económica para os utilizadores finais, que pagam menos 50 a 60% do que uma bateria nova;

> Capacidade de resposta inigualável, com serviço imediato e sem necessidade de esperar pela entrega;
> A luta contra a obsolescência programada ;
> Redução maciça dos resíduos industriais perigosos e poluentes
> A criação de novos postos de trabalho no âmbito de uma economia circular virtuosa;
> Reduzindo a pegada de carbono em 50 vezes menos do que a reciclagem e a substituição por pilhas novas;
> Uma forma alternativa de reduzir os custos de funcionamento dos sistemas fotovoltaicos, tornando-os mais competitivos;
> Aumentar a capacidade de resistência territorial do país.

O Benim importa a quase totalidade da sua eletricidade da vizinha Nigéria, mas, à medida que inicia a sua transição energética, e tendo em conta os programas de instalação solar do país, a necessidade de apoio industrial, institucional e administrativo em caso de cortes na rede, e o número crescente de instalações solares fora da rede dado o considerável potencial solar do país, o mercado de regeneração de baterias tem um futuro brilhante pela frente.

Assim, com este potencial, não seria mais económico instalar uma unidade equipada com uma oficina de regeneração BAPU e uma fábrica de reciclagem BAPU para reciclar as baterias não regeneráveis?

BIBLIOGRAFIA

[1] " Otimizar o tempo de vida das baterias de chumbo - Lição V02-Bis.pdf ".

[2] H. H. Molinaro e B. Multon, "Technologies for electrical energy storage systems", p. 21.

[3] F. Sanchez, "State of the art on battery recycling and reuse", p. 176.

[4] E. Korsaga, Z. Koalaga, D. Bonkougou e F. Zougmoré, "Comparação e determinação de dispositivos de armazenamento adequados para um sistema fotovoltaico autónomo numa zona do Sahel", 2018, doi: 10.18145/JITIPEE.V4I1.161.

[5] C. Glaize, "Uma tecnologia de bateria adequada para cada aplicação", p. 43, 2014.

[6] " IEEE Standard Glossary of Stationary Battery Terminology", IEEE. doi: 10.1109/IEEESTD.2016.7552407.

[7] G. L. Soloveichik, "Battery Technologies for Large-Scale Stationary Energy Storage", *Annu. Rev. Chem. Biomol. Eng*, vol. º2, n 1, pp. 503-527, Jul. 2011, doi: 10.1146/annurev-chembioeng-061010-114116.

8] Organização Mundial da Saúde, *Recycling used lead-acid batteries: health considerations [Reciclagem de baterias de chumbo-ácido usadas: considerações de saúde].* Genebra: Organização Mundial de Saúde, 2017. Acedido em: 24 de dezembro de 2021. [Online]. Disponível em: https://apps.who.int/iris/handle/10665/259446

[9] C. Consulting e K. Environmental, *Environmentally sound management of used lead-acid batteries in North America (Gestão ambientalmente correcta de baterias de chumbo-ácido usadas na América do Norte).* Montreal: Comissão para a Cooperação Ambiental, 2016. Acedido em: 24 de dezembro de 2021. [Em linha]. Disponível em: http://public.ebookcentral.proquest.com/choice/publicfullrecord.aspx?p=453254 7

[10] " Estudo do efeito da densidade do ácido na formação de PbO2.pdf ".

[11]   W. Jamratnaw, "Desulfation of lead-acid battery by high frequency pulse", em *2017 14th International Conference on Electrical Engineering/Electronics, Computer, Telecommunications and Information Technology (ECTI-CON)*, Phuket, June 2017, pp. 676-679. doi: 10.1109/ECTICon.2017.8096328.

[12]   A. Thierry, " et de simulation en milieu réel de systèmes solaires autonomes basées sur la méthode KEG ", p. 97.

[13]   " State of the art of desulphation technologies for lead-acid batteries", p. 76, 2011.

[14]   " Como funciona uma bateria solar _ SOLARIS-STORE.html ".

[15]   " EHS-DOC-146_LeadAcidBatteries.pdf ".

[16]   "tratamento-de-regeneração-desulfatação-de-baterias-electrónicas-chimique-edta-sulfato-de-.pdf".

[17]   " GFA06_PT_Análise financeira e avaliação de projectos.pdf ".

[18]   F. Delahaye-Duprat e J. Delahaye, *Finance d'entreprise: manuel*, 7th ed [Levallois-Perret] Malakoff: Éditions Francis Lefebvre Dunod, 2018.

[19]   D. SEWANOUDE, "Manuel de cours de l'Analyse Economique et Financière des Projets". GME/EPAC, 2019.

[20]   B. Lucie, "Elaboration d'une méthode de calcul de retour sur investissement applicable aux projets immobiliers des établissements publics de santé. Réflexions à partir des projets du Centre Hospitalier Universitaire de Nancy", p. 105, 2008.

[21]   G. J. May, A. Davidson, e B. Monahov, "Lead batteries for utility energy storage: A review," *J. Energy Storage*, vol. 15, pp. 145-157, fev. 2018, doi: 10.1016/j.est.2017.11.008.

[22]   S. J. Hou, Y. Onishi, S. Minami, H. Ikeda, M. Sugawara, e A. Kozawa, "Charging and Discharging Method of Lead Acid Batteries Based on Internal Voltage Control", *J. Asian Electr. Veh.* °3, n 1, pp. 733-737, 2005, doi: 10.4130/jaev.3.733.

[23]   C. Beaurain e M. B. Amoussou, "Les enjeux du développement de l'énergie solaire au Bénin. °Quelques pistes de réflexion pour une approche territoriale:",

Mondes En Dév. vol. no. 176, n 4, pp. 59-76, Dec. 2016, doi: 10.3917/med.176.0059.

[24]   " Rapport_situation_éclairage_public_Final_ABERME_2020.pdf ".

[25]   K. G. M. Yêhouénou, "Transition énergétique au Bénin: quel apport du solaire photovoltaïque?", p. 292.

[26]   " RESEARCH_REPORT_ESEIM_2019.pdf ".

[27]   " RELATÓRIO EF MICROCENTRALE DEF.pdf ".

[28]   J. Schiffer, D. U. Sauer, H. Bindner, T. Cronin, P. Lundsager e R. Kaiser, "Model prediction for ranking lead-acid batteries according to expected lifetime in renewable energy systems and autonomous power-supply systems", *J. Power Sources*, vol. °168, n 1, p. 66-78, maio de 2007, doi: 10.1016/j.jpowsour.2006.11.092.

[29]   H. Ikeda, S. Minami, H. Wada, e A. Kozawa, "Outline of Three Main Businesses of Lead-acid Batteries Using ITE's Organise Polymer Activators," *J. Asian Electr. °Veh*, vol. 5, n 1, pp. 987-988, 2007, doi: 10.4130/jaev.5.987.

[30]   S. °   Ikeda, "Innovations of Lead-Acid Batteries", *Electrochemistry*, vol. 76, n 1, p. 32-37, 2008, doi: 10.5796/electrochemistry.76.32.

[31]"minami20   04.pdf".

[32]   A. Paglietti, "Electrolyte Additive Concentration for Maximum Energy Storage in Lead-Acid Batteries", *Batteries*, vol. °2, n 4, p. 36, Nov. 2016, doi: 10.3390/batteries2040036.

°[33]   L. T. Lam *et al*, "Pulsed-current charging of lead/acid batteries - a possible means for overcoming premature capacity loss?", *J. Power Sources*, vol. 53, n 2, pp. 215-228, Feb. 1995, doi: 10.1016/0378-7753(94)01988-8.

[34]   "2_541.pdf".

[35]   Yan Zhang, Songjie Hou, Shigeyuki Minami, e Akiya Kozawa, "A high current pulse activator for the prolongation of Lead-acid batteries", em *2008 IEEE Vehicle Power and Propulsion Conference*, Harbin, Hei Longjiang, China, Sept. 2008, p. 1-4. doi: 10.1109/VPPC.2008.4677701.

[36]   "   HAYDEN, Matthew, P. et al; Taft, Stettinius &.pdf ".

[37]   S. Oumar, "26500 BOURG LES VALENCE (FR)", p. 26.

[38]   N. S. M. Ibrahim *et al*, "Parameters observation of restoration capacity of industrial lead acid battery using high current pulses", *Int. J. Power Electron. Drive Syst. IJPEDS*, vol. °11, n 3, p. 1596, Sept. 2020, doi: 10.11591/ijpeds.v11.i3.pp1596-1602.

[39]   A. C. Ohajianya, E. C. Mbamala, C. M. Amakom, e C. E. Akujor, "An empirical investigation of lead-acid battery desulfation using a high-frequency pulse desulfator," *J. Adv. Sci. Eng*, vol. °4, n 1, pp. 44-52, Jan. 2021, doi: 10.37121/jase.v4i1.140.

[40]   " Afrique Avenir : régénérer des batteries au plomb-acide, le coup de pouce de Marly Diallo à l'environnement - BBC News Afrique". https://www.bbc.com/afrique/56665416 (acedido em 3 de março de 2022).

[41]   "   UBC (Univers Business CHAD) leader de la régénération des batteries au Tchad - Battery Regeneration". https://batteryregeneration.net/ubc-univers-business-chad-leader-de-la-regeneration-des-batteries-au-tchad/ (acedido em 3 de março de 2022).

[42]   H. Ikeda, S. Minami, S. J. Hou, Y. Onishi, e A. Kozawa, "Nobel High Current Pulse Charging Method for Prolongation of Lead-acid Batteries," *J. Asian Electr. Veh*, vol. °3, n 1, pp. 681-687, 2005, doi: 10.4130/jaev.3.681.

[43]   "reportLCIE.pdf".

ÍNDICE DE CONTEÚDOS

I want morebooks!

Buy your books fast and straightforward online - at one of world's fastest growing online book stores! Environmentally sound due to Print-on-Demand technologies.

Buy your books online at
www.morebooks.shop

Compre os seus livros mais rápido e diretamente na internet, em uma das livrarias on-line com o maior crescimento no mundo! Produção que protege o meio ambiente através das tecnologias de impressão sob demanda.

Compre os seus livros on-line em
www.morebooks.shop

Printed by Books on Demand GmbH, Norderstedt / Germany